(日)技

U0566882

日本经典技能系列丛书

钳工能手

机械工业出版社

本书是一本介绍钳工工具及其使用技能的入门指导书。主要内容包括：钳工使用的一般工具，锯的种类及使用方法，划线的技巧，锉刀的种类及使用技巧，刮刀和錾子的使用方法，钻头、丝锥、铰刀的使用方法，用于组装、分解零部件的工具以及用于加工的电动工具等。

　　本书可供钳工或机械加工工人入门培训使用。

"GINO BOOKS 7：TESHIAGE NO VETERAN"
written and compiled by GINOSHI NO TOMO HENSHUBU
Copyright © Taiga Shuppan, 1972
All rights reserved.
First published in Japan in 1972 by Taiga Shuppan, Tokyo
This Simplified Chinese edition is published by arrangement with Taiga Shuppan, Tokyo in care of Tuttle-Mori Agency, Inc., Tokyo

　　本书版权登记号：图字：01-2007-2343 号

图书在版编目（CIP）数据

钳工能手/（日）技能士の友编集部编著；戎圭明，张立丽译. —北京：机械工业出版社，2009.4（2022.11 重印）
（日本经典技能系列丛书）
ISBN 978-7-111-26549-8

Ⅰ. 钳…　Ⅱ. ①技…②戎…③张…　Ⅲ. 钳工—基本知识　Ⅳ. TG9

中国版本图书馆 CIP 数据核字（2009）第 037049 号

机械工业出版社（北京市百万庄大街 22 号　邮政编码 100037）
策划编辑：王晓洁　王英杰　责任编辑：赵磊磊
版式设计：霍永明　　　　责任校对：陈立辉
责任印制：任维东
北京中兴印刷有限公司印刷
2022 年 11 月第 1 版第 8 次印刷
182mm×206mm · 6.8333 印张 · 190 千字
标准书号：ISBN 978-7-111-26549-8
定价：35.00 元

电话服务　　　　　　　网络服务
客服电话:010-88361066　机　工　官　网：www.cmpbook.com
　　　　010-88379833　机　工　官　博：weibo.com/cmp1952
　　　　010-68326294　金　书　网：www.golden-book.com
封底无防伪标均为盗版　机工教育服务网：www.cmpedu.com

出版说明

　　为了吸收发达国家职业技能培训在教学内容和方式上的成功经验，我们引进了日本大河出版社的这套"技能系列丛书"，共 17 本。

　　该丛书主要针对实际生产的需要和疑难问题，通过大量操作实例、正反对比形象地介绍了每个领域最重要的知识和技能。该丛书为日本机电类的长期畅销图书，也是工人入门培训的经典用书，适合初级工人自学和培训，从 20 世纪 70 年代出版以来，已经多次再版。在翻译成中文时，我们力求保持原版图书的精华和风格，图书版式基本与原版图书一致，将涉及日本技术标准的部分按照中国的标准及习惯进行了适当改造，并按照中国现行标准、术语进行了注解，以方便中国读者阅读、使用。

目录

一般工具

锯

划线

锉刀

无论机械发展到什么程度，也不能完全离开钳工加工。从设备、时间、经济等方面考虑，有时候使用钳工加工更为合适。此外，对传统的精密钳工作业也有需求。同时，组装、拆卸等作业也是属于钳工作业的范围。

　　由此可见，称为"钳工"的人们的作业范围相当广泛，而精通这个广泛范围作业的人就可称为"钳工能手"。希望本书能帮助你成为钳工能手。

一般工具

钳工能手

5

平台

平台有许多种类。

因为有时要放置较大的铸件，所以在机械加工时用来定中心或划线的平台（亦称为划线台）都是大规格的。当工件较小时就用小一些的平台。用于此目的的平台，除了特殊情况，一般对精度的要求不太高。

对那些用于小型工件精加工、测量或是划线的平台，就要注意保持其表面的精度。所以平台的表面要一直涂油以便保护，上面绝对不可放置各种工具。当然，还必须定期地进行配研以检查其精度，稍有偏差就应进行修正。

此外，还有叫做配研平台的，它用来检查别的平台或是精密平面。这种平台一般尺寸比较小。

考虑到加工性、吸震性和润滑性，平台一般用铸铁制造。用来划线的平台多用刨床来进行最终的精加工。精密的平台还要进行

铲刮精加工。此外，小型的平台还有用钢材做的，淬火后进行研磨精加工。

▲用于定中心、划线的大型平台

▲这也是用于划线的平台

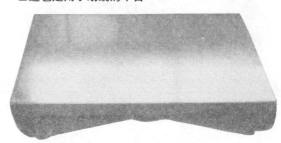
▲用于精加工的平台要注意保持其精度

▲平台要经过铲刮，这样做除了能提高平面度以外，还能起到让空气（油）留在表面的作用。如图所示平台的表面用立铣刀加工了 **0.1mm** 深的气坑。如果没有气坑，工件等容易紧贴在台面上。

▲配研用平台

台虎钳

台虎钳在英式英语中为 vice，在美式英语中为 vise。它用来固定工件。用于铣床等处的台虎钳（机械台钳,machine vice），对它们的虎钳口及底面的平面度、垂直度、平行度等精度要求相当高。

用于钳工加工的台虎钳在 JIS（日本工业基准）中称为"横台钳"，精度要求没有上述的那样高。这个台虎钳是进行钳工加工的前提。所谓钳工加工，就是把工件夹紧在固定于工作台台上的台虎钳里进行加工。

按其形状来区分，台虎钳有方体形和圆体形的。如图所示在台虎钳近侧可以看清的数字是台虎钳的尺寸——表示其公称尺寸，即虎钳口的宽度为 125mm，只有一个 5 是表示 5in。过去都是用 in 来表示的，后来成了统一的米制，台虎钳也变成用 mm 来表示。过渡时期的制品是 in 和 mm 并用，旧制品只有 5 或 6 等是用 in 表示的数字，新制品就只有 125、150 等是用 mm 来表示的。

除此之外，对于用手难以把持的小工件，可以用桌虎钳、手虎钳等，还有称作 C 形固定夹的辅助夹紧工具。对于大型的工件，在锻造时的固定就使用称为"锻工用虎钳"的工具。

▲台虎钳，圆体形，只用 mm 表示

▲台虎钳，方体形，用 mm 和 in 表示

▲台虎钳，圆体形，只用 in 表示

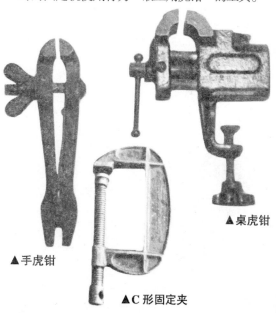

▲手虎钳

▲C 形固定夹

▲桌虎钳

锤子

　　锤子也是钳工作业时不可缺少的工具。

　　锤子的头部采用 S55C（日本标准钢号）等类的硬钢，经过热处理，一头为平头，另一头为圆头。圆头用于铆接等作业中；另一头貌似平头，其实是半径最小为 100mm 的球形，做成这样的形状是为了在敲打时让力集中。

　　锤子大小的区分是根据头部的重量来定，这就是它的"公称号码"，常使用 1/2、1/4、1、3/2 等来表示，它们的单位是磅，为了统一于米制，一般不用磅来表示。但是在工作场所人们常说 "1lb 的锤子"，1lb≈0.45kg，是最常用的一种。

　　不能使用头部有缺口或是毛刺的锤子，有毛刺就容易产生缺口，有了缺口就很容易扩大，因此可能有碎块崩落下来使人受伤。毛刺必须用磨床等除去，用有缺口的锤子无法正确作业。

　　锤子的头部有楔块嵌入。锤子头部装手柄的洞的两侧是锥形，从一侧将手柄打入，在另一侧用楔块使木柄变粗，让头部不至于脱落。如果头部松动是危险的，此时不可使用，要另外选择手柄装得牢固的锤子，或是重新装好手柄。

　　在安全使用锤子的问题上，还有一个需要特别注意的问题，即在举起锤子准备打击以前，一定要回身看看后面，防止挥起锤子时打到别人。一定要养成举起锤子前看看身后的习惯。

　　锤子柄用橡木制成，头部稍微朝下一点的地方（约为柄长的 1/3 处）为最细。这是为了在打击时减少冲击力，不至于使手震得麻木。

　　锤子还有许多种类，以适应于各种需要。如为了不至于在工件上留下伤痕，有用比较软的金属（如铅、铜）制成的锤子，还

圆头
（R 根据公称尺寸变化）

楔块

▲塑料锤子

平头（最小为 R100）

有用塑料制成的和木槌。

下面介绍如何换锤子柄。柄折断了或是开裂了就需要换新的，需要先把旧的柄拔出，把台虎钳的虎口开大一些，从柄的那端插进虎口，让虎口夹住锤子的头部，先把楔子拔去，然后从上面用圆棒对着柄端敲打使柄脱落。

对新的木柄，先用粗齿锉刀修削要插入锤子的部分，注意中心不要偏，然后将这头轻轻打入锤子的孔中，确认既不要倾斜也不要有弯曲，接着在柄端垫上木头用力敲打进去，最后敲进楔子。在这之前，要把锤子柄在水里浸泡2至3个小时，头部要完全在水中，否则在打楔子时木柄容易开裂，头部也容易脱落。要把楔子从端部完全打进柄里，使用冲头充分地敲打。

在使用锤柄时有觉得顺手的和不顺手的，对加工有很大影响，所以很久以前人们就在柄上下了不少功夫。柄上最细的部分该细到什么程度，手握住的部分应该是什么样的圆形，你可以用削去锯齿、加工成直刃的锯条，或使用玻璃片来修削锤柄，直到自己满意为止。

▲首先用粗齿锉刀锉削木柄

▲然后在柄端垫上木头，用力敲打

▲最后打进楔子

▲接着轻轻地将柄打入头部的孔

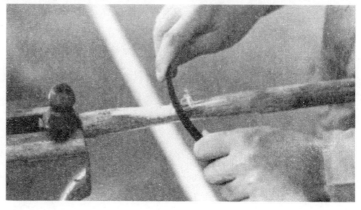
▲加工木柄

锤

是指锤子。用铁制造的称为"铁锤"，日本的木匠们称其为"玄翁"，一般家庭都备有。

錾

錾子在很久以前就有了，当时有专门锻造铁锤和錾子的职业。推测一下那些为了铸造青铜剑而做成石头翻砂模型的加工方法，可以想象出錾子的历史该有多悠久了。

锯

木工和铁匠用的锯不一样，不过用途是一样的。

锉

锉刀是从什么时候开始制造和使用的，在日本没有留下确切的记载。在江户时代（1603—1867年）确实已经有了锉刀，但是那时候的锉刀是什么样子的，质地如何，目前还是个疑问。

剪

是指用两条切削刃夹着来切割东西的工具，被切割的对象从线、布、纸张，直到金属板。

锥

为开孔的工具。自古以来木匠就在使用它。现在所用的是钻头。"无立锥立地"是形容拥挤到了连很细的锥都无法站立的程度。

●钳工能手 锯

弓形锯的种类和锯条

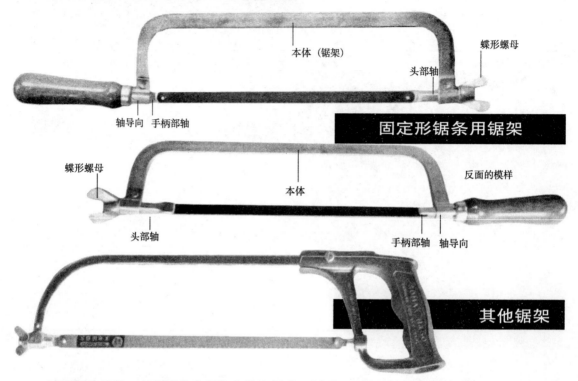

本体（锯架）

蝶形螺母

头部轴

轴导向　手柄部轴

固定形锯条用锯架

蝶形螺母

本体

反面的模样

头部轴

手柄部轴　轴导向

其他锯架

　　弓形锯为统称，是指那些在锯架上装上锯条，用手工（人力）来切断东西而用的工具。这个名称缘于它们的形状像弓。

　　在 JIS 中，弓形锯的锯条称为 hack saw，以区别于机器用的锯条。Hack 的意思是切割进去，saw 是指锯。锯架称为 hack saw frame，在 JIS 中分为固定形、一侧可开形和两侧可开形三种，此外还有称为洋式的种类。

　　锯条以两端装配孔中心之间的长度为公称尺寸，有 200mm、250mm、300mm 三种。可开形锯条的锯架对应这三种尺寸。

　　关于锯条的齿数（在 JIS 中不叫刃数，而叫齿数），在每 25.4mm（1in）的长度内有 10 齿、12 齿、14 齿、18 齿、24 齿、32 齿六种。

公称尺寸

　　通常，在工厂里使用的锯条为 14 齿以上。

锯条的装法

用手握住锯柄，把锯条一头的孔装在手柄部的轴上，见图①。这时，注意锯条齿要面向对面，即对着推的方向，不要装反。锯是在推的时候进行锯削的。日本木工用的锯是在拉的时候锯削，而在欧洲无论锯削金属还是锯削木头，锯都是在推的时候锯削。

双手握住锯架的两头对向用力，使锯条前端的孔装在头部的轴上，见图②。

锯条两头的孔都装在锯架上后，拧紧头部的蝶形螺母，使锯条绷紧，见图③。

试验锯条绷紧的程度时，试着用手扭转锯条，以不那么容易扭动为合适，见图④。

1in 14齿

1in 18齿

1in 24齿

1in 32齿

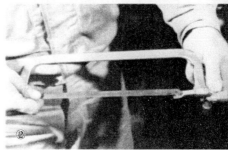

锯的握法和

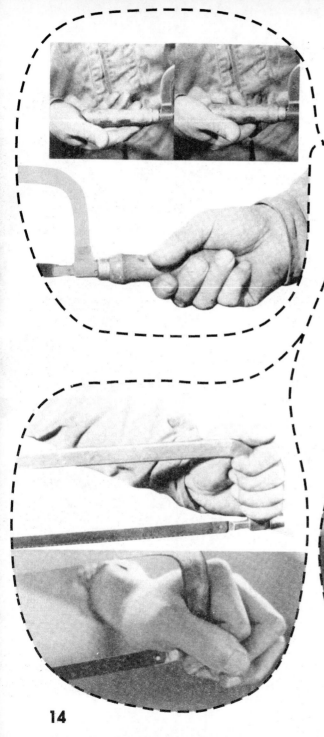

先把锯柄放在右手上，将柄的后端置于手心的凹部。接着弯曲四指握住锯柄，最后是拇指按下，握紧锯柄。

*   *

左手垂直地握住锯架的前端，如图的上半部分所示。如果像图下半部分所示那样去握，在拉锯的时候很容易受伤，是很危险的。

*   *

如图所示的锯削位置是指自台虎钳的一端起要空开的尺寸。这个尺寸是指无论推锯还是收回锯，握住锯柄的手不会碰到台虎钳的距离。当然，工件本身无法保证这个尺寸需另当别论。

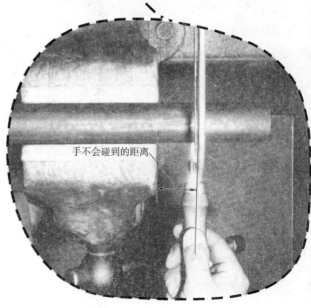

手不会碰到的距离

锯削时的姿势

　　弓形锯是在推的时候进行锯削。在推的时候，右肘贴在身上，利用你的体重，用身体一起来推。如果只使用两个手腕，则既使不出力气，又容易疲劳。两脚的站立姿势和使用锉刀时相同。两手要像把锯条稍往下压那样来用力。在收回锯的时候放松，不要用力。

　　　　　　＊　　　＊

　　这个姿势不好，往下压的力如果用得过大，锯子会向右边倾斜，无法垂直往下，锯条就会弯曲。这样会把锯条折断。

　　　　　　＊　　　＊

　　在工件上定锯削位置时，先用左手拇指对准锯削位置，再将锯条靠着拇指，右手轻轻地推，这样锯条就会稳定。

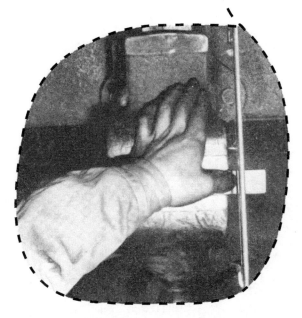

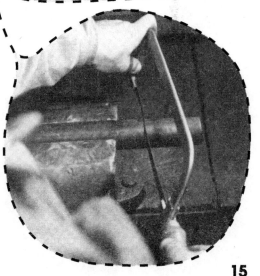

●锯削方钢的方法

在将方钢（正方形的除外）固定在台虎钳内时一定要把长边横向夹紧，否则锯子会经受不住推力而发生振动。如果发出了比较大的声响，就是工件在振动。

最初锯条应该对着前方（远处）的角。如果先对着近处的角，工件的90°角直接与锯条的齿大面积接触，锯条就容易崩坏。

在切入前方的角后，让锯条水平锯削。在切入近处的角后，需要把锯柄这头的位置放低（理由同上）。

这样，在加工时要一直注意不能让锯条承受太大的负荷，不承受冲击力。

如果要锯削同样尺寸的方钢，可以把几根横向排列在一起进行锯削，这样既不会使切断面弯曲，又可以提高效率。

▲锯条对着前方的角

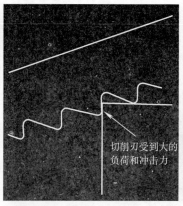

切削刃受到大的负荷和冲击力

▲不能对着近处的角

▲因为锯齿会崩落

▲从前方开始切进

▲让锯条水平锯削

▲现在再让锯柄这头的位置放低

16

●锯削圆棒的方法

锯削圆棒时，如果一直以最初的夹紧状态锯削下去，阻力会越来越大。在锯削的过程中应把圆棒转动好几次，来变换锯削的角度。

锯削快要结束时，切记要减少用力，这不只限于锯削圆棒。原因是最后工件的角度成为锐角，容易咬住锯条，需特别注意。

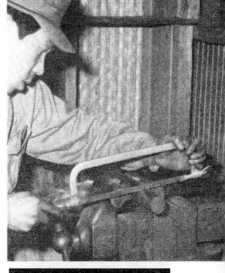

▲切到上面这种程度

▲把工件转一转再切

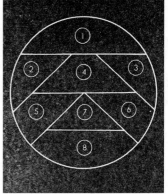

▲以这样的顺序来锯削

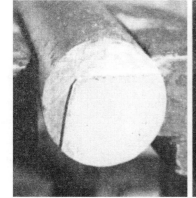

▲平均地切入后

▲再改变位置进行锯削

17

●锯削管子的方法

▲锯条快要切到内壁时

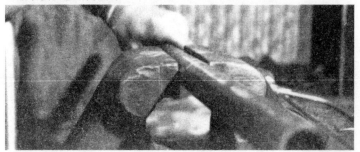

▲将管子转换位置

▲一直转到已经切好的位置为止

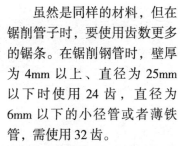

虽然是同样的材料，但在锯削管子时，要使用齿数更多的锯条。在锯削钢管时，壁厚为4mm以上、直径为25mm以下时使用24齿，直径为6mm以下的小径管或者薄铁管，需使用32齿。

管子的外形与圆棒相同，但在锯削时还是有不同的注意点。总而言之，在锯条快要切到内壁时就停止锯削，然后转个位置，每次都切到逼近内壁。

如果锯条切进内侧，就会变成图2所示的状态，就像两个切削刃相互对着咬合在一起，这和16页上所讲到的把锯条对着方钢近处的角一样，使锯条受到较大的冲击力，会发生崩齿或是折断锯条。

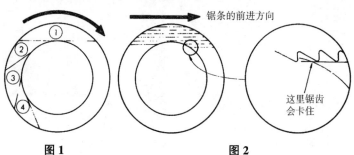

锯条的前进方向

这里锯齿会卡住

图1　　　　　图2

●锯削板材的方法

要用锯子来锯板材，是因为板材太厚而无法使用剪刀，用剪断机时工件又太小，或者没有剪断机。

在锯板材时发生的故障，总不外乎是振动或者板的弯曲。这两种故障都是因为板材太薄而引起的，所以可使用的办法有：①用木材夹住板的两面一起锯削；②用方钢夹住板的最靠近要被切断的位置；③把方钢夹在台虎钳上，上面放板，然后放上木材用C形固定夹夹紧。

还有，可以不从垂直方向，而是从水平方向来锯削，但这样向锯条加力比较困难。

当工件较大，无法进入锯条和锯架之间时，可以把锯条安装成与锯子本体成直角。这时候如果用力不当，锯架的一侧会由于自身的重量而下沉，使锯条成扭曲状态。

当要切断的长度比较长时，把切好的部分弯起，可以减小对着锯条的阻力。

▲工件大的时候把锯条装成和锯架成直角

▲用木材夹住板的两面一起锯削

▲用台虎钳和C形固定夹来固定

▲锯架不会碰到工件

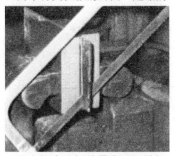
▲用方钢夹住板的最靠近要被切断的位置

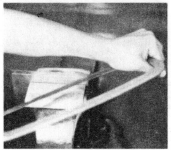
▲从水平方向锯削比较困难

▲锯长的板材时使锯好的部分弯曲

19

特种锯

在孔中进行加工时，有时候与其使用锉刀来锉削预制孔，不如用锯子更为方便。这种情况下应先把锯条穿进孔中，然后再装到锯架上。

在把圆孔加工成方孔时，如按照常规方法使用锯条，由于受锯条宽度的限制，无法按划好的线锯到最后。这时，把锯条加工成如①所示的样子，即把锯条的光边一侧用磨床削去成为线锯，这样就可以顺利地沿着圆孔的曲线锯削。

使用线锯的优点是，随着锯条的接触面积减小摩擦力也会随之减小，从而提高了效率，但也会产生切断面容易弯曲的问题。标准的锯条材料为 SK 材，其强度比较小，需要时可使用 SKH 材料制品。

在锯粗的工件或宽的板时，有时候使用自己做的如②所示的锯架。

还有一种特殊的锯条，是用粘结剂把磨粒粘在钢绳上干透凝住后使用。如③所示的锯条可以用来锯削机器上用的锯条。

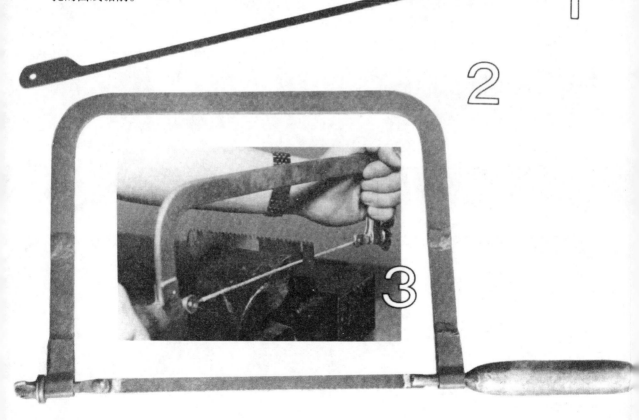

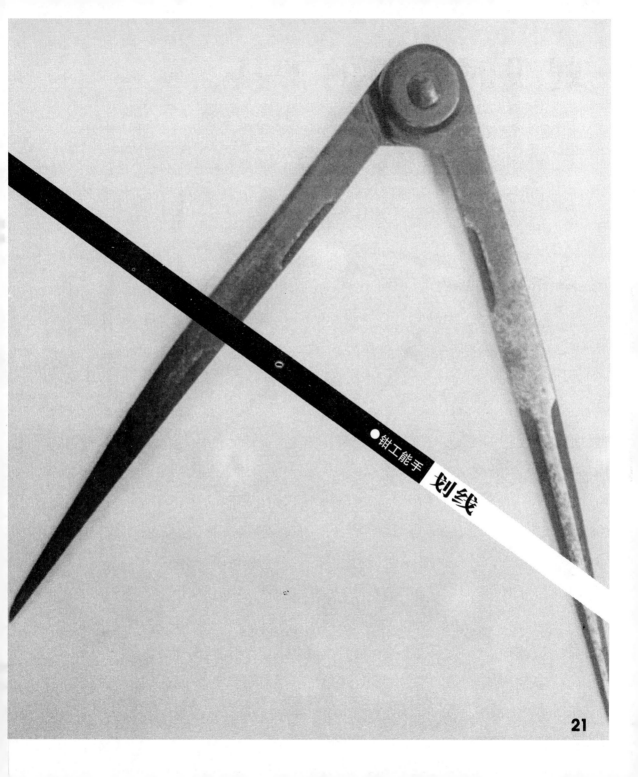

●钳工能手

划线

划线时使用的工具

在划线时要使用各种各样的工具，包括从划针、V形铁、划线台、方箱、金属直尺、划规、样冲、锤子等一般的工具，到各个车间根据实际需要自己想方设法做出的各种特殊工具。

这里列出了划线时使用的各种工具的图片。

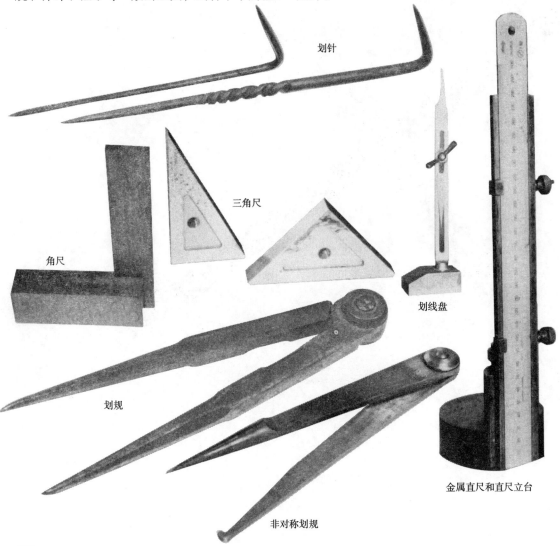

划针

三角尺

角尺

划线盘

划规

金属直尺和直尺立台

非对称划规

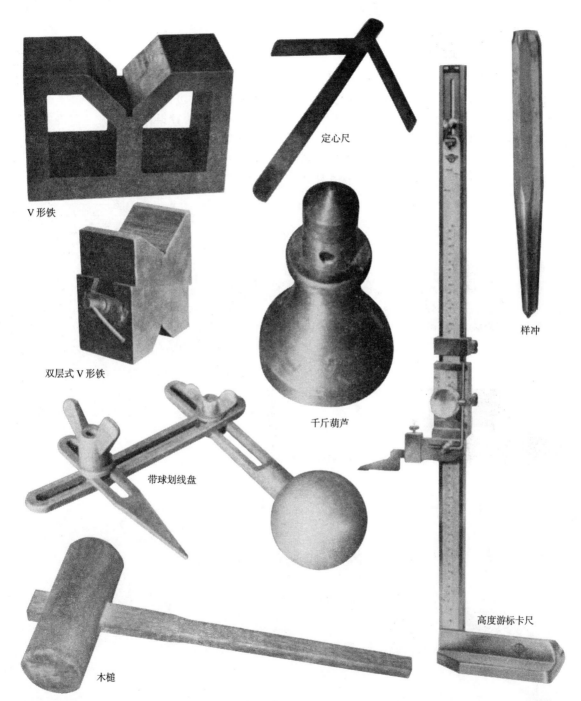

V 形铁

双层式 V 形铁

定心尺

千斤葫芦

样冲

带球划线盘

木槌

高度游标卡尺

23

划线盘

　　划线盘用来确定工件的中心，可以在划线台上滑动到任何位置来划线。它的针一头弯曲，另一头为了便于划线而做成尖形。划线盘有许多种类。

　　最常用的划线盘如图①所示。图②所示的划线盘在基座装有弹簧，可以调整立柱的倾斜度。图③所示的基座为一个球，适用于对有孔的工件进行划线。

　　划线盘的针要经过淬火，但经常使用总会磨损，故要经常研磨。有的划线盘像高度游标卡尺那样，针尖使用超硬合金钎焊。

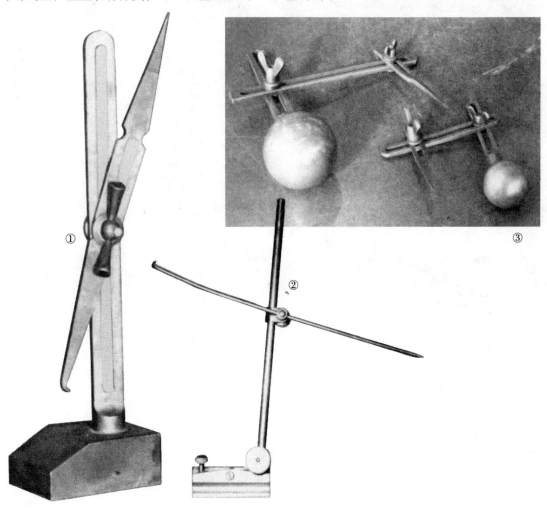

① ② ③

划线盘接触工件进行划线时，如图④所示，针尖要保持和划线台平行再稍往下。另外，工件和划线盘之间的夹角 θ 要保持在 60° 左右，如图⑤所示。

为使划线盘的针尖和金属直尺对准，眼睛要处于与针尖和刻度尺刻线同等高度的位置，如图⑥所示。由于眼睛所在位置有偏差，读出的数值会相差 0.5mm 左右。

在大致确定划线盘的针尖高度后，用锤子敲击蝶形螺母使其固定，如图⑦所示。然后在微调整时用锤子敲杆的肩部，如图⑧所示。

不使用划线盘时，要让针尖朝下。这时要注意的是，不要像图⑨所示那样让它接触到半径部分，否则旋紧蝶形螺母时会碰伤针尖。图①所示的放置法也不正确。

④

⑦

⑤

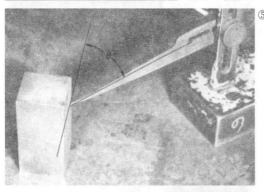

⑧

⑥

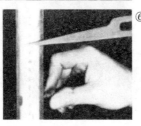

⑨

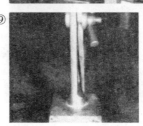

划针

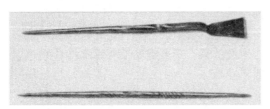

▲划针

▲划针的针尖要加工得十分尖

划针用来沿着金属直尺等工具在工件上划线，它有许多种类。针尖要做得很锐利。使用后尖端会被磨损，要用磨石来研磨。针尖要经过淬火，也有前端是用超硬合金钎焊的。

在用划针来划线时，要和用划线盘时一样，用金属直尺抵住针尖。

划针和金属直尺之间的正确位置，是要使划针朝划线进行方向倾斜，和被划线的面成约 60° 的角，让针尖碰到金属直尺和工件的切点。如果划针太垂直，针尖容易离开金属直尺；而划针太斜即角度太小，针尖不容易碰到金属直尺和工件，线就会变粗。

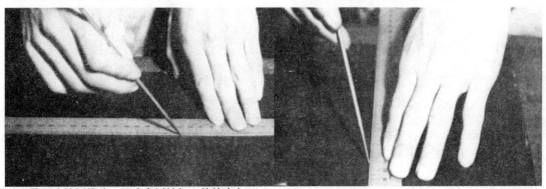

▲这是正确的划线法。要注意划针与工件的夹角

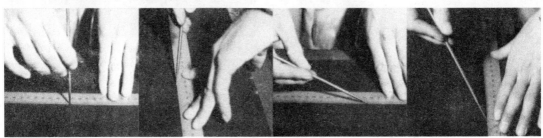

▲太垂直了　　　▲太垂直了　　　▲太斜了　　　▲太斜了

26

非对称划规

非对称划规用来定圆棒或孔的中心，或用来刻划与面平行的线。最常用的非对称划规如 22 页上的图所示，也有类似于弹簧圆规的带弹簧的非对称划规。其脚尖部弯曲的那端是平的。

脚尖部是尖的那只脚用来划线，它要经过淬火，磨损之后要进行研磨。

用金属直尺量取非对称划规开口的尺寸时，脚尖部是弯曲的脚有时对着内侧，有时对着外侧。对着内侧时弯脚的脚端对着金属直尺的端部，对着外侧时是抵着划线台。无论是哪个场合，目光一定要垂直于金属直尺。

使用非对称划规时要注意的地方是，在弯曲脚接触工件时，不要搞错从端面开始的高度。脚尖的位置搞错了，划线的位置也就错了（参见 38 页）。

以孔的内缘为基准划圆的时候，要注意使两脚一直相对于圆的中心均匀、连续地移动，要一口气把线划好。

▲非对称划规脚的形状

▲量取尺寸的方法有两种

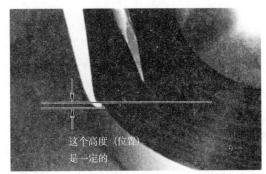

这个高度（位置）是一定的

▲基准错了，划的线也不正确

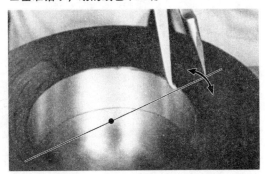

▲以中心线为基准向左右滑动

高度游标卡尺

高度游标卡尺就是如同把普通游标卡尺竖着来设置的工具，顾名思义它是用来测量高度的，也可以用来划线。特别是在精密划线时，常常使用高度游标卡尺。在游标头的前端镶有超硬合金，用于划线。

和普通游标卡尺一样，在读刻度的地方使用游标，刻度为 1mm/20= 0.05mm、1mm/50=0.02mm 等。

在使用高度游标卡尺时，要将游标头的划线爪和划线台正好平接，让这时候尺身的 0 和游标的 0 正好对齐。如果两者对不齐，就让游标头仍贴着划线台来调节微调螺钉，通过上下微调尺身来对齐 0 点。如果相差很大，就把锁紧螺母拧松，用手来调整尺身。

调整 0 点是使用高度游标卡尺时最重要的一个步骤。

调好 0 点准备划线时，用手把游标头移动到需要的高度附近，然后调节微调螺钉进行微调整，拧紧固定螺钉后再划线。

划线时工件和游标头之间的夹角要保持在 60° 左右，这与用划针和划线盘时一样。在对好几个工件要划同样高度的线时，把它们在划线台上排成横的一字，一次划完。同样的线重复几次，不仅繁琐也容易产生误差。

游标头的划线爪要保持水平或稍稍朝下。还有，划线爪是用超硬合金制成的，长期使用后总会磨损，划的线会变粗。所以经常要用超硬研磨设备来研磨。

▲左边为最普通的高度游标卡尺。右边的稍有不同，是把一般的游标卡尺立在座上，再在游标头处装上用来划线的零件。

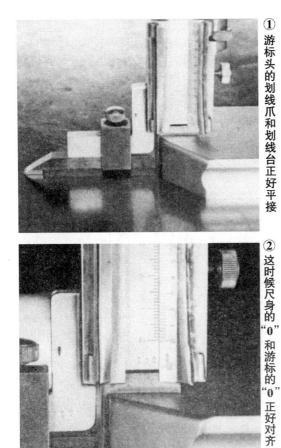

① 游标头的划线爪和划线台正好平接

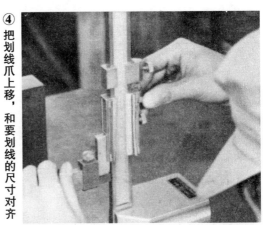

④ 把划线爪上移，和要划线的尺寸对齐

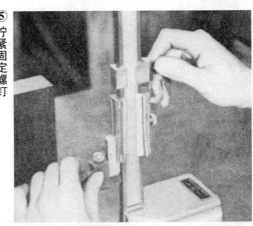

⑤ 拧紧固定螺钉

② 这时候尺身的"0"和游标的"0"正好对齐

③ 没对齐"0"就需要微调整

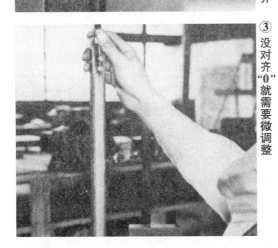

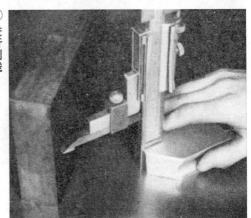

⑥ 进行划线

划规

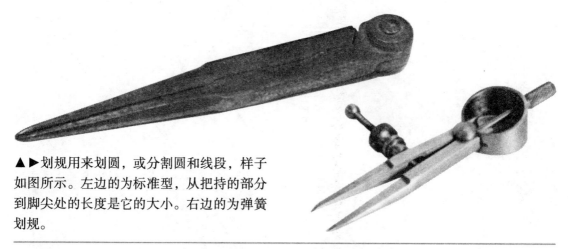

▲ ▶划规用来划圆，或分割圆和线段，样子如图所示。左边的为标准型，从把持的部分到脚尖处的长度是它的大小。右边的为弹簧划规。

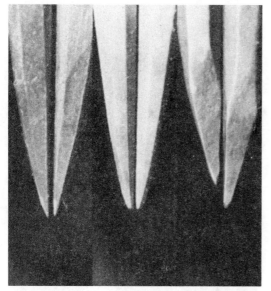

▲ 脚尖对划规来说是很重要的部位。两脚合拢时脚尖部分以60°为佳。两脚的长度应该一致。左：好；中：脚尖不够尖；右：长度不一样。

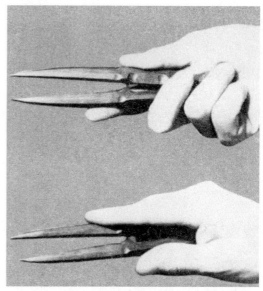

▲ 用划规来划圆时，要将把持部分握得深一些，如果只用手指拿住把持部分，划线时划规就不稳定。

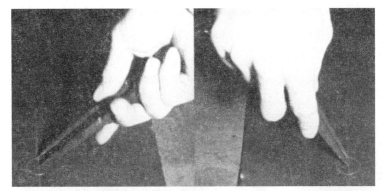

◀划圆时，先划上半圆，然后反转划规，从同一个起点划剩下的半圆。这样，就总是用大拇指在转动划规的脚。

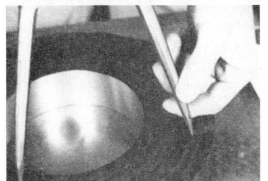

▲把划规的脚对准基准点时，如图所示要使用左手。在把划规开得很大来划线时，也要用左手配合。

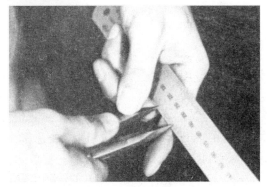

▲在用金属直尺测量划规的张开尺寸时，用左手的拇指抵住作为基准的脚，用左手的食指拨动另一只脚到所要的尺寸。

▼用划规所划圆的最大半径，即为划规的把持部分到脚尖的长度。最小可以划半径为1mm左右的圆。

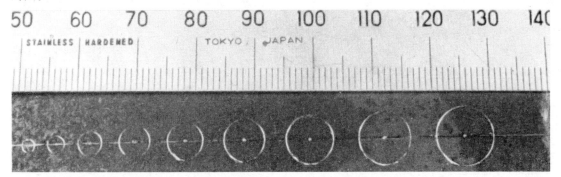

样冲

▲常用的样冲如图所示。手握的部分为八角形，还有滚花的。

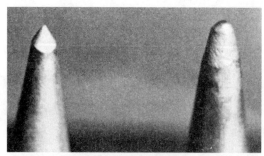

▲样冲的前端一般为60°，也有70°、80°的。一般用来打钻头开孔位置的样冲取较大的角度。如图左半部分所示是前端形状正确的例子，如图右半部分所示的前端变圆了，无法正确打印记。

划好线后，为了清楚地表示用钻头开孔的位置或是划好的线的位置，要在工件上打印记。

你会想只要把样冲对准划好的线的交点，用锤子打不就行了吗？好像很简单，但如果打的方法不对也会出现问题。

关于样冲的打法，各个工厂有各自习惯的做法，代表性的例子如图①、②所示。图①所示是用小拇指接触工件，5个手指都接触到样冲；图②所示是用拇指、食指和中指把持住样冲。无论怎样把持，目光都要看着样冲的前端，为了能看清楚，要让样冲从对面朝着你的方向竖立。

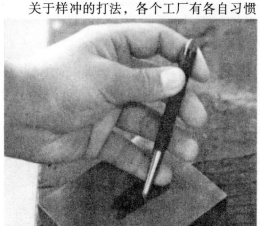

① 用5个手指把住样冲，小拇指接触工件

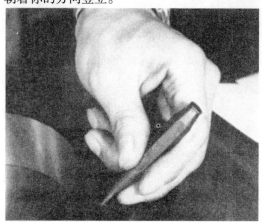

② 用3个手指把住样冲

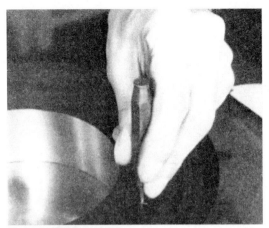

③ 样冲要和工件垂直

把样冲的前端放在划好的线的交点上时，一定要和工件垂直，如图③所示。然后，先轻轻地敲打一下，移开样冲看看是否准确地打在交点上。如没问题，就再用力敲打一下，如图④所示。用力的打击只能进行一次，如图⑤所示。

有时候没有对准交点位置，如果第一回轻打时位置偏了，把样冲的前端放在打偏的印记中，方向指向正确的位置，朝那个方向

④ 确认孔的位置后用力打一下

修正后，再用力一回打好，如图 1 所示。

打印记时不一定总是从上往下打，有时需要在垂直面上打。在这种情况下也要注意样冲和工作面保持垂直。

还有，表示直线的印记要打 2 个以上，为了不致搞错曲线部分要打 4 个以上。印记的大小要打得一样。划的辅助线一般不打印记。

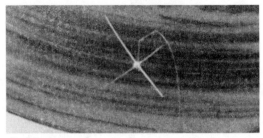

⑤ 打好的印记

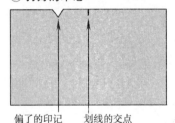

偏了的印记　　划线的交点

a) 轻打时位置偏离了划线的交点

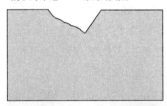

b) 从偏离了的印记斜着打到线的交点来修正

c) 最后用锤子，在正确位置一次打好印记

图 1　修正后的印记

划线和涂料

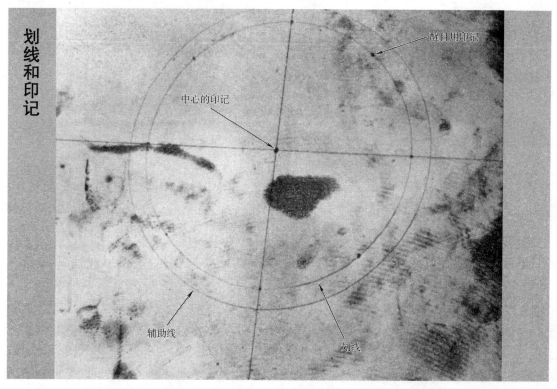

醒目用印记

中心的印记

辅助线

划线

划线是为后续的加工所做的准备工作，只划一次线就可以加工到零件的最后形状几乎是不可能的。比如说，把黑皮去除后为了再加工还需要划线，这样的情况相当多。

这个最初进行的划线工作称为第一回划线，然后进行切削，再以加工好的面为基准，为后续的机械加工再进行划线，这次的划线工作称为第二回划线。如果加工工序要分成

划线用涂料

在划线前，工件表面要涂涂料，这是为了使划的线醒目、容易辨别。涂料有下述很多种类，可根据工件表面的不同来选择使用。

对黑皮（铸件表面或热加工后的面）多使用糊粉。使用时糊粉与水以 1：2 的比例混合，加入少量动物胶后一起煮。它不容易干，所以划线前先在

要划的表面薄薄地涂上一层，放置一会，等晾干后再划线。如果涂得过厚，划的线会变粗，或是在划线途中涂层会剥离。当工件表面有油时，要先用溶剂等把油除去。

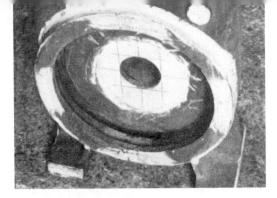

▲孔加工后留下的辅助线

好几个，划线也要进行好几次。

在进行划线以前，必须首先认真读图，弄清加工对象的使用目的、加工后的形状，考虑这些因素后再进行划线。划线工作会影响后面的加工甚至是制品的形状，所以一旦划好线后，要用金属直尺检查尺寸正确与否。

一般第二回的划线是以第一回划线加工好的面为基准来进行的。在进行第一回划线时，基准面已经很清楚的场合很少。技能鉴定考试与精加工相关的试卷中，图样上有基准面的表示，而在现场加工工件时，通常图样上没有这个指示。遇到这种情况，一般来说要考虑以下几点来决定基准：

①图样上有从这个面开始的相关尺寸。

②在加工时，从这个面可以很容易地测定尺寸。

③这个面相对比较大，容易加工。

综合考虑以上几点后进行第一回划线。

根据划的线来进行切削加工时，要正好切到划的线上，但是等加工好以后，无法确定切得是否正确。为此，离开要切的线一定距离（2~10mm）再划一条线，这条线称为辅助线，划圆时称为辅助圆。

不过，有的时候也不划辅助线。这时要打印记，从残留的印记来判断切削正确与否。

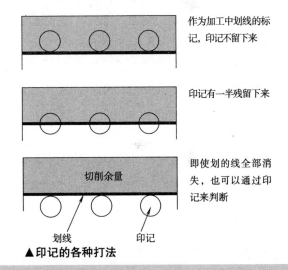

作为加工中划线的标记，印记不留下来

印记有一半残留下来

切削余量

即使划的线全部消失，也可以通过印记来判断

划线　　印记

▲印记的各种打法

对黑皮有时使用白粉笔。它用起来很方便，但容易消失，当线要划得多时，或者是工件要搬运时一般不用它。

加工好的面不使用糊粉，因为糊粉中含有水分，容易造成工件生锈。此时多使用蓝粉。使用时取蓝粉0.5~1，用酒精10来溶化，再加少量清漆，成为青绿色的涂料。它干得快，还有防锈功能。

此外，如果不用蓝粉，可用群青以同样的比例来混合。这些涂料的代用品是油性记号笔，它很容易干，但不容易除去。

划线的粗细和读法

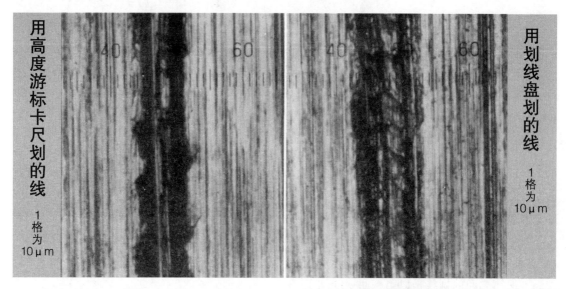

用高度游标卡尺划的线

1格为
10μm

用划线盘划的线

1格为
10μm

我们用划针、划线盘、高度游标卡尺、划规等在工件上划线，这些线是后续加工的基准，所以这些线必须尽量地细和清楚，而且必须准确。

一般所划的线为 0.07~0.12mm。在用划线盘或是划规等划线时，是以金属直尺的刻线为基准来进行的，它的读数值只有 0.1mm。使用读数值为 0.02mm 的高度游标卡尺，精度可以达到 0.02~0.08mm。

上图所示分别是用高度游标卡尺和划线盘划的线放大后的样子，黑色的粗线为划的线。对 S55C（机械结构用碳钢）进行划线时要用力，以便使线能清楚地显示出。

从这两张图中可以看到刻度的一格为 10μm（即 0.01mm），用高度游标卡尺所划线的粗细为 0.075mm，用划线盘则为 0.110mm 左右。在用高度游标卡尺划的黑线中可以看到两条白的线，这是高度游标卡尺的划线爪

划线的读法

在看划好的线时，由于光线方向的不同，即使粗细一样的线看上去也会有差别。作为例子请看右边的放大图。

图 a 所示是光线与所划线的微小 V 形槽的一边平行时。这种情况下只能看见线的一半。

与此形成对照的是图 b 所示，这种情况下能看到的是图 a 所示线宽的 2 倍，即可以看到线

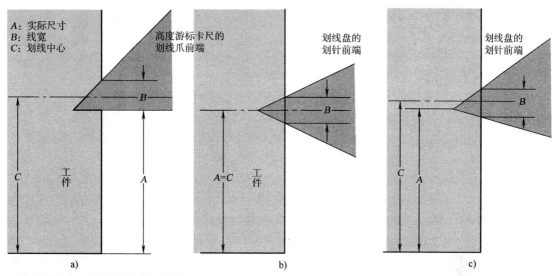

▲ 高度游标卡尺和划线盘所划线的粗细

（前端）留下的痕迹。从这里可以知道，用切削刃切割时，除了前端，还有不少碰到工件的地方。所以可以说，用划线盘也好，用高度游标卡尺也好，所谓划线，就是在工件的表面刻上这些工具的前端的形状。

上图所示是用高度游标卡尺和划线盘所划线的放大表示，图a、b所示是前端垂直于工件时的状况。实际上用划线盘划线时，与其垂直，还不如稍微把前端往下降一些，如图c所示。前端越粗，A 和 B 的差就越大，划线的精度就越低。

还有，理想的线是既细又清楚，究竟细到什么程度才合适还要根据后来的加工种类来定。在铸件上开孔时 0.2mm 就可以了，而在制造夹具等精密的器具时所划线的粗细必须达到 0.01mm 左右的程度。此外，线的粗细还受熟练程度的影响，一个人划的也有差别。

各个工厂或车间的训练方法有所不同，有的工厂让大家练习时不管什么样的工件，所划线的粗细一律为 0.08mm。

宽的全体。

还有，同样是图 b 所示的光线，如果用高度游标卡尺的划线爪而不是用划线盘的划针来划线，那么实际尺寸不是起始于所划线的中心，而是它的下端。

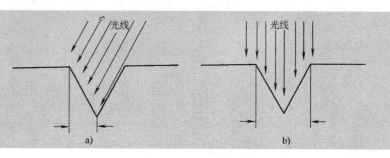

圆棒中心的求法

求圆棒中心时，使用的工具不同，方法也不同。

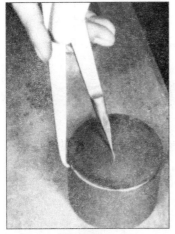

① 在中心附近划圆弧

② 完成了一个圆弧的四边形

●用非对称划规求中心。这时，非对称划规的脚如图①所示张开到接近于圆棒的中心，在中心附近划上圆弧。然后转过180°，同样划上圆弧。再转90°、180°，如图②所示再划两次，就完成了一个四边形，在这个过程中划规保持同样的开口。这个四边形的中心就是圆棒的中心。

这时可以用目测来决定中心，如果靠目测有困难，则调整划规的开口按同样顺序划一个比上次更小的四边形，如图③所示。等中心定好后，将非对称划规的尖脚插在中心，转一圈确认一下。

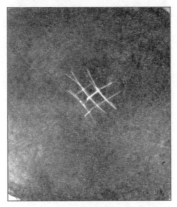

③ 目测有困难时划更小的四边形

④ 用拇指来抵住脚

如果不熟练的话，前端弯曲的那只脚常常固定不好，这时就如图④所示用左手的拇指来抵住。

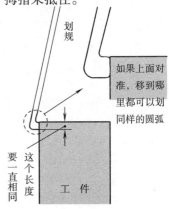

划规

如果上面对准，移到哪里都可以划同样的圆弧

要一直相同　这个长度

工件

图1　脚的位置要相同

求法

还有，在划四边形时有四次要把前端弯曲的那只脚固定在圆棒侧面，一定要注意每次的固定位置相对于划线面的距离都要一样，否则中心会偏。

●用划线盘求中心。把圆棒放在V形铁上，用划线盘的针尖在中心附近的高度处划线。然后转过180°划同样的线，再转90°、180°如图⑤所示划"井"字形，这个"井"字要尽量小。

除了上述的两种方法，还可使用22页上所讲的定心尺的方法。这时，从两个位置划出的两条线的交点就是中心。

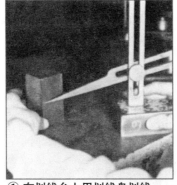

① 在划线台上用划线盘划线

接着来求立方体高度的中心。如图①所示把立方体放在划线台上，用目测定下约为1/2处的位置，用划线盘划好线，然后把立方体倒转180°，以同样的高度再划一条线。这样如图②所示的a、b两条线就完成了。

在a、b的中间靠目测来划线。c、a、b之间的距离越小越好。如果熟练了，只要一次就可以使a、b之间的距离达到1mm以下。

除此之外，还可以如图③所示直接用金属直尺来定。这时也要上下换位划两次线，来确认中心位置。也可用非对称划规从上下两个端面划同样的圆弧，然后连接其交点。

用划线盘划"井"字形

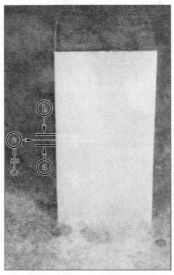

② 以 a、b、c 的顺序求中心

③ 直接用金属直尺来定

常常需要在工件上划垂直线或是垂直相交的线，其方法也有好多种。

垂直线

使用划规时

让我们来划线段 *AB* 的垂线。设 *O* 为中点，把划规脚张开得比 *OA* 长，以 *A* 点为中心划圆弧，然后以同样的划规开口以 *B* 点为中心划圆弧，在线段 *AB* 的两侧都要划。然后连接这两个圆弧的交点划直线，这条线与线段 *AB* 垂直，并且把线段 *AB* 二等分。

这个方法不仅适用于平板，也适用于圆棒的端面以及方钢。

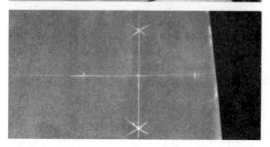

使用方箱时

把工件装在方箱上，先用金属直尺量好划线盘针尖的高度，用划线盘划条水平线。在划水平的平行线时，就要调整划线盘的针尖尺寸（正、负平行线的幅宽）。然后把方箱翻过 90°，跟刚才一样用划线盘划垂直相交的水平线。这个时候要一次性划好线。同样的线不要划两三回，这是在任何场合都通用的原则。

的划法

使用角尺时

如果工件上已经有了正确的基准面，把这个面放在划线台上，用角尺靠着工件，再用划针就可以简单地划好垂直线。此时划平行线也很容易。如果端面已加工完，可把角尺靠着这个面来进行划线。

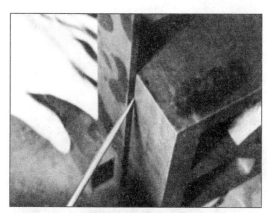

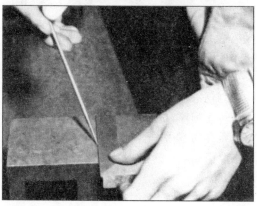

当工件为圆棒时

把圆棒放在 V 形铁上，先划通过中心的水平线。划这个水平线的顺序是：先把划线盘的针尖调节到大约是中心的位置，如图所示那样先刻ⓐ、ⓑ，然后转动工件，让ⓑ转到刚才ⓐ的位置，刻上ⓒ。接着把ⓒ的位置提高ⓐ、ⓒ之间距离的1/4，用划线盘划线（即线ⓓ）。这样就划好了通过中心的水平线。如果开始时ⓐ、ⓑ的高度比中心高，就把ⓒ往下转1/4。如图所示，把刚才完成的中心线转到与角尺对齐的垂直位置，用划线盘以刚才划中心线的高度划线，两条相互垂直且相交于中心的线就完成了。

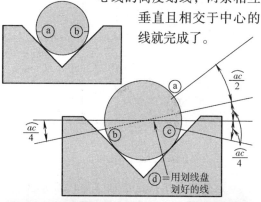

ⓓ＝用划线盘划好的线

角度的划线法

角度的大小有多种，30°、45°、60°的角度线用得最多，它们的划法也有许多。利用30°、45°、60°等角度，可以得到90°（30°+60°

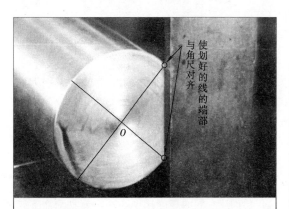

使划好的线的端部与角尺对齐

O

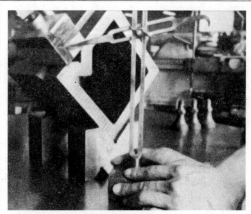

也可使用 V 形铁和方箱划 45° 线。把基准面加工好的工件装在方箱上，然后放到 V 形铁上，接着用划线盘划水平线即可。

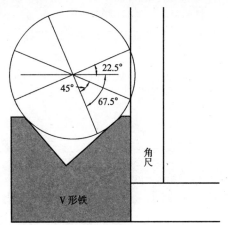

22.5°

45°

67.5°

角尺

V 形铁

这是在基准面已经加工好的圆形工件上划 45° 线的方法之一。把圆棒放在 V 形铁上或是方箱上，先划两条垂直相交的中心线，使这两条线的末端与角尺对齐。为了确认是否对齐，另外一侧也用角尺来对齐。两条线的末端对齐后，使划线盘在划线台上滑过，就可以划出相对于中心线的 45° 线。用同样的方法可以划 22.5° 线、67.5° 线。

划任意角度时可使用量角器。如图所示是转动圆棒、使其中心线和量角器上的角度对准的方法。然后固定圆棒，用划线盘来取得高度，通过划线盘在划线台上滑动来划线。

或 45°×2)、180°(90°+30°+60°) 等，这些都是利用划线台的平面或角尺可方便划出的角度。

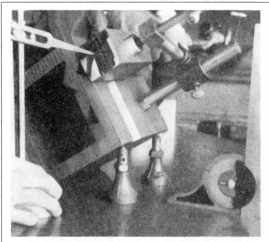

如图所示，使用千斤葫芦使方箱倾斜，再用量角器与基准线、方箱的侧面或底面对准。

如图所示的划线工具，是用分度器来求得角度，然后滑动槽里的针来划线。

在划精密度要求较高的角度线时，可使用正弦规和量块。

L 是一定的，用量块改变 H 的大小来使角度 θ 发生变化。H、L、θ 之间的关系为

$$\sin \theta = H/L, \quad H = L \sin \theta$$

从三角函数表中找到 $\sin \theta$ 的数值，来求得 H，如图所示划角度线。此外，还可使用万能分度台。

带孔零件的划线法

在讲中心的求法时，提到中心点可以在工件上表示，而对有孔的工件来说，中心的地方如果是孔就没法作为基准。这时候就需要用某种方法来做个中心，再以这个中心为基准来划线。

① 有孔时，在孔中装入顶杆，使用非对称划规，以 38 页讲的求圆棒中心的方法来定中心。不同的是，圆棒是以外周作为基准，而有孔的时候常把非对称划规的脚尖部有弯曲的那只脚固定在内圆周上。如图所示是个熟练工人在操作，在还不熟练时，应该几个手指并用来支持弯的那只脚。求得中心后，转动非对称划规来确认是否准确。

② 用划线盘来对有孔的工件划线时，如图所示，在方箱上放上平行条，在那里挂上工件，要领与在 V 形铁上放圆形物划垂线时一样，最后求得中心。为使这个中心能在平行条的端面上，要使用比孔的半径大（宽）的平行条。

③ 此外，也可以像这样先使用定心尺划好中心线，然后再使用方箱来划垂直的交线。

④ 与②的情况相同，在工件多的时候，根据工件内径的大小，先准备好已经求得中心的平行条，可以提高划线作业的效率。

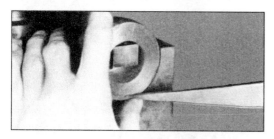

⑤ 求得中心后，把划线盘固定在稍微小于半径的位置，回转工件就可以划圆了。

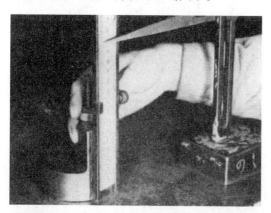

⑥ 这个时候，半径的大小是用尺子来量得。预先把尺子的刻度调到比较醒目的位置（比如说 10mm、20mm 等），再和划线盘的高度（中心位置）对准，从这里使划线盘的划针移动与半径大小相等的距离，读刻度时就方便了。

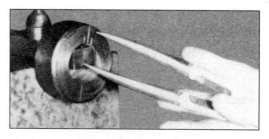

⑦ 此外还有用划规来划线的方法。

⑧ 在外周上划中心线时，可以用对好中心的划线盘。在划外周的四等分线时，先在端面上划辅助的中心线，用角尺根据辅助线的位置来定四等分的位置。

⑨ 这是把划线盘的基座做成球形，把球形部分放入孔中，如果孔的直径比球的小，便定好了孔的中心，马上就可以划圆弧了。

大件的划线法

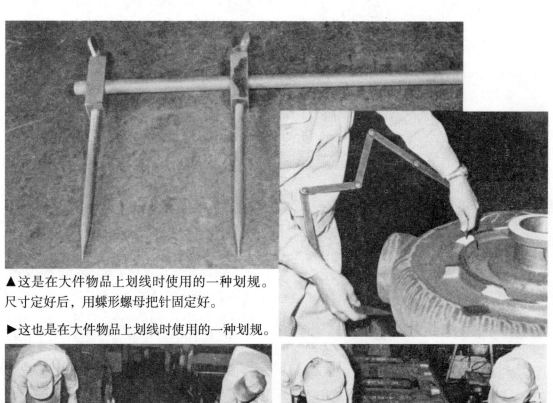

▲这是在大件物品上划线时使用的一种划规。
尺寸定好后，用蝶形螺母把针固定好。

▶这也是在大件物品上划线时使用的一种划规。

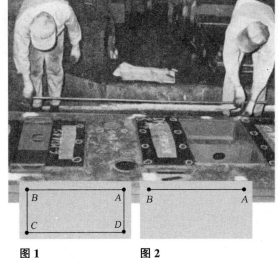

图1   图2

图3   图4

工件很大时，只用一般的划线工具如非对称划规、划线盘、划规等就不够用了。另外，不仅是在划线台上划线，有时候还要到现场作业，此时需要使用与小零件划线时不同的定直角和垂线的方法。不过，当工件大的时候，对尺寸精度的要求常常不是很高。

下面我们以划长方形的直角为例来说明。先在需要划线的地方用粉笔涂白，也可以使用糊粉或油性记号笔。

接下来划直角。

如图 1 所示，定长方形的顶点 A、B、C、D。

首先，用非对称划规来定图 2 所示的 A 点。这是 A 点一定在主面上的工件，依照求中心时所用的方法（见 38 页），在 4 个方向划圆弧来求得中心。

用划规在金属直尺上定好 A、B 之间的尺寸，以 A 点为基准，先假设好 B 点。接着如图 3、图 4 所示来求 D、C 点。B、D、C 点要取在圆弧上最突出（最外缘）的地方。自然，AD、BC 的长度要根据图用金属直尺量取。

上述的作业完成后，如图 5 所示用划规量取 AC 之间的距离，去和 BD 比较（图 6）。如果 AC 和 BD 的长度一致，这个四边形就是长方形，即 $\angle A = \angle B = \angle C = \angle D = 90°$。如果不一致，把 D、C 点移动 AC 和 BD 之间差的一半的距离。这个移动要沿着为了决定 D、C 而以 A、B 为中心所划的圆弧，使 AD 和 BC 的长度不变。以这样的方法使 AC 和 BD 的长度一致。

这样，决定了 A、B、C、D 各点以后，在点上划十字线，然后打印记。

此外，AC 和 BD 的长度可以通过计算求得，然后按照这个尺寸用划规来划线。但根据熟练划线工的经验，因为靠计算常会得到小数点以下的数字，一般的测量工具反而无法精确测量，比较起来还是使用上述的方法精度更高。

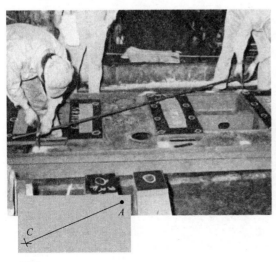

图 5

图 6

铸件的划线法

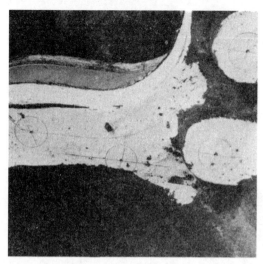

▲铸件的表面粗糙，无法正确划线，所以在表面涂上涂料后再划线。涂料可使用糊粉。

与精密的划线不同，铸件划线时对尺寸精度的要求不高，但因其形状复杂的地方较多，而能作为基准的地方又少，所以必须从基准线开始来进行划线的时候很多。

首先要决定能作为基准的地方。有时图上会有指示，然而有的时候也没有指示。在没有指示时，如果有孔，那么就是孔的中心，或者是工件的中心等，这种情况比较多。

铸件到手后，在划线以前先要确认它是否是所需要的形状，有无加工余量等，这也是划线作业的一部分。图①所示是在以孔为基准确认有无加工余量。

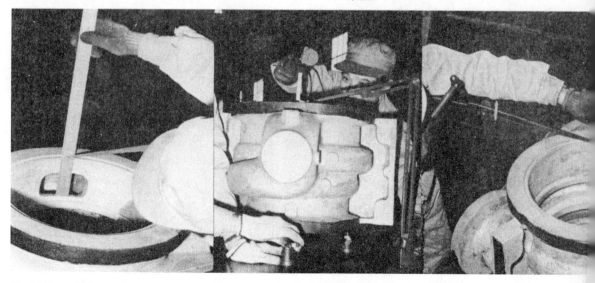

① 确认加工余量　　　　② 使用千斤葫芦使它和划线台齐平　　③ 用来检查水平的基准面

因铸件形状复杂的时候比较多，常常需要使用千斤葫芦或夹具等来使它和划线台表面保持水平。

图②所示是在检查工件的水平度。这个工件如图③所示，在内圆周上有突起的缘，就以那里为基准来检查水平度。在检查水平度时，要利用均匀分布在内周或外周的全体来进行。

如照片③所示，预先把划线盘的划针调节到刻度比较醒目的位置（如10mm线的地方等），然后以这个划针的高度，对在外周四等分的四个地方附近，用滑动划线盘来检查，如果不水平，就调整千斤葫芦。

调好水平后就定基准。这个工件的基准取孔的中心，如照片④所示。

在图⑤中，中间的那个划线盘是基准，再用金属直尺量得从那里开始的尺寸，来决定另外几个划线盘的位置。然后按照片⑥所示进行划线。

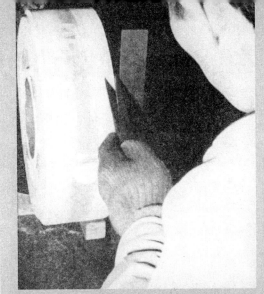

▲如果有经过机械加工的面，铸件也是以它为基准。如图所示就是这样的情况。把角尺贴在这个加工过的面上，用非对称划规检查角尺与基准线是否平行。用左边能看见的木楔块来调节工件的斜度。也可以用角尺直接对划好的线进行检查。

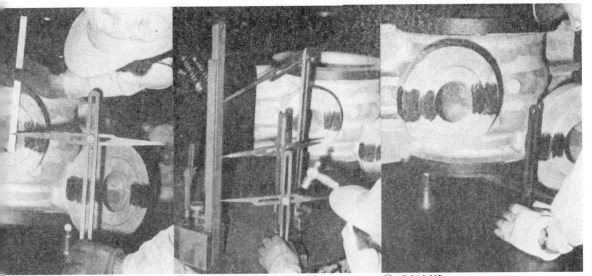

孔的中心是划线的基准　　⑤ 从基准出发来取别的尺寸　　⑥ 进行划线

轴类工件的划线法

在圆轴端面求中心的方法已经在中心的求法（38页）中讲过。在圆棒的外周面上划中心线的作业也很多。

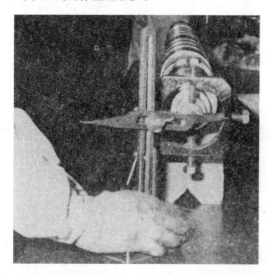

① 首先在划线台上放上 V 形铁，上面放轴，求出端面的中心。这时候的方法和圆棒零件定中心时所用的一样，当端面比较小的时候，使用如图所示的辅助器具，这样对于用划线盘找中心来说提供了一个较大的面，转动圆棒也变得简单了。

把工件装在辅助器具上大致位于中心的地方，在这个辅助器具的端面上，使用轴的端面找中心时所用的方法来求得中心。这个时候即使工件不在辅助器具的中心，在 V 形铁上回转轴的时候辅助器具也会转动，这个回转中心就是轴的中心，所以不一定非要把轴装得一点不偏。

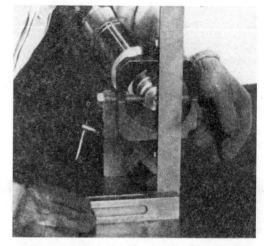

② 在划线台上求得水平的中心线后，用角尺对准这条水平线来取得中心。

③ 中心定好后，用同样的方法找出另一端面的中心。这样就可以使两个端面中心的高度一致了。

④ 如果工件是用两个以上的 V 形铁来支承的,那就一定要保持水平。这个时候使用如图所示的双层 V 形铁就很方便。转动右边的手柄,可以调节 V 形铁的高度。

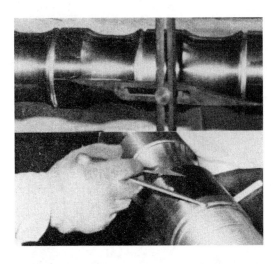

⑤ 通过上述的操作定下中心后,在圆棒的外周面划线,以此处为基准进行其他地方的划线和打印记。例如,要在圆棒上划开键槽的线时,以中心线为基准取上下同样的宽度来划键槽宽度的线。至于它的长度和位置,如果有加工好的端面,则从那里开始量取尺寸;如果没有这样的端面,就按 52 页上所讲的去做。

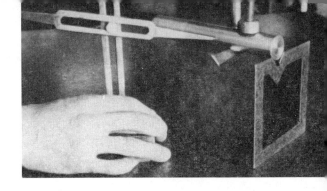

⑥ 如果圆棒状的零件不是很大,可以把它装在方箱上,然后定端面的中心以及在外周面上划中心线。

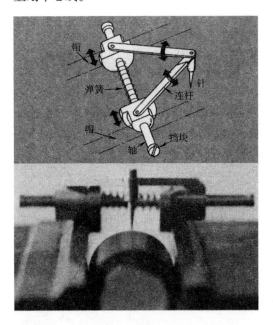

⑦ 此外,可以制作如图所示的划线工具,如图所示,把工件夹在台虎钳上,这个工具如果可以沿着台虎钳的虎口滑动,针就对在中心,这时就可以划线了。这是因为与圆棒的粗细无关,针总是对着中心。不过,要注意两根连杆必须是长短一致。

51

键槽的划线法

在工件的孔内划键槽的线时，可按下述方法去做。

先划好中心线，在金属直尺上量得键槽宽的 1/2，如图 1 所示，把工件转过 180°，确认中心线和划线台的平面平行，如图 2 所示，再用图 1 所示的同样高度进行划线，如图 3 所示。这时候使用两个划线盘，每一个取键槽宽的 1/2，然后固定此尺寸，可以提高作业的效率。还有在进行图 2 所示操作的时候，要从离中心较远的地方来校对，误差就小。在划键槽的深度线时，把工件转 90°，使用角尺划与中心线垂直相交的线（做法见 40 页），尺寸取相对于孔的中心的高度，如图 4 所示。

轴的键槽在划线时也是同样，也在侧面划键槽的宽，如图 5 所示。然后，用非对称划规来量取长度。图 6 所示为划了孔和轴的两个键槽。

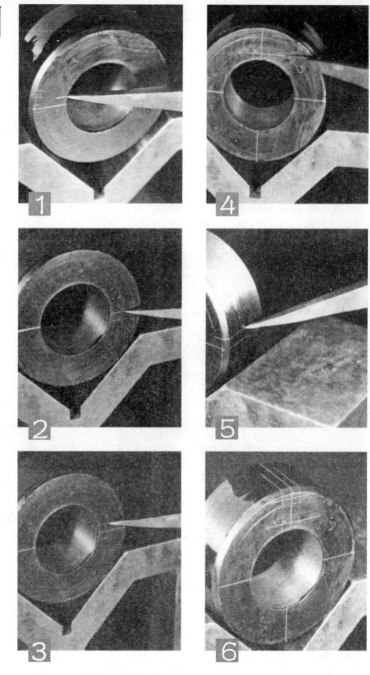

1

2

3

4

5

6

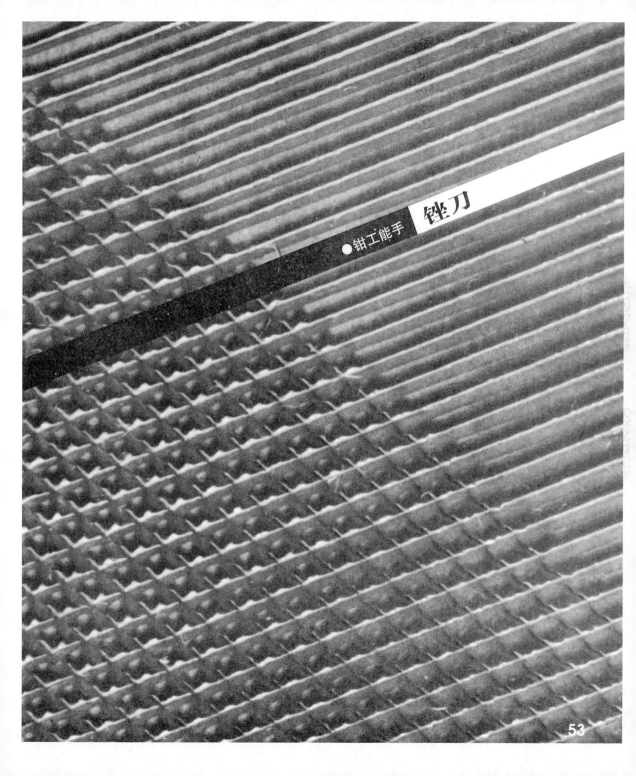

●钳工能手

锉刀

53

锉刀的种类和大小

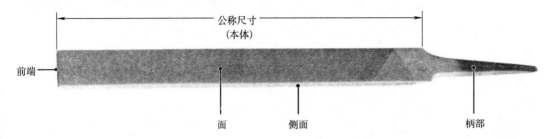

公称尺寸
（本体）

前端

面　　　侧面　　　　　　　　柄部

在 JIS 的规定中，一般将机械工厂使用的锉刀分成两大类。一类称为"钳工用锉刀"，要另外装上手柄（普通的为木质）才能使用，它的剖面形状有平形、半圆形、圆形、方形、三角形共五种。另一类称为"整形锉"，它们不用另外装手柄，柄的部分与本体为一体，用于较小地方的加工。每套的数目有 5、8、10、12 共四种组合，各套剖面形状的组合也有规定。剖面形状有如图所示的那些种类。

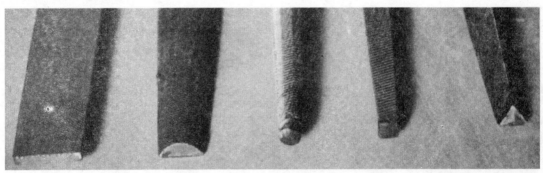

▲钳工用锉刀（从左端起为平形、半圆形、圆形、方形、三角形）

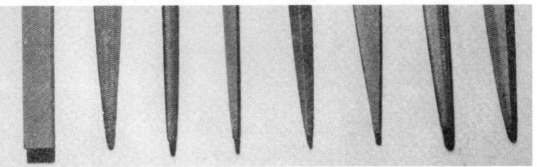

▲8件套的整形锉（从左端起为平形、半圆形、圆形、方形、三角形、锥形扁锉、椭圆形、镐形）

54

平形		三角形		弓形	
半圆形		锥形扁锉		切削刃形	
圆形		镐形		双半圆形	
方形		椭圆形		蛤形	

　　锉刀的大小用公称尺寸来表示。钳工用锉刀是本体部分的长度为公称尺寸，从 150mm 到 200mm、250mm 等，间隔为 50mm，最大为 400mm，每种尺寸中各部分的长度都有规定。

　　整形锉有 5 件套、8 件套等，每种组合的尺寸各有规定，每套的件数越多，锉刀的尺寸就越小。

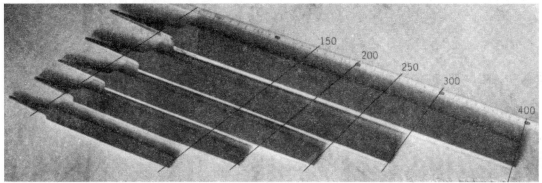

▲锉刀的公称尺寸（大小）

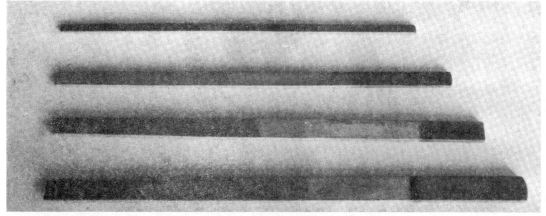

▲从上面起分别为 12 件套、10 件套、8 件套、5 件套中的细齿平（扁）锉刀

55

锉刀的齿

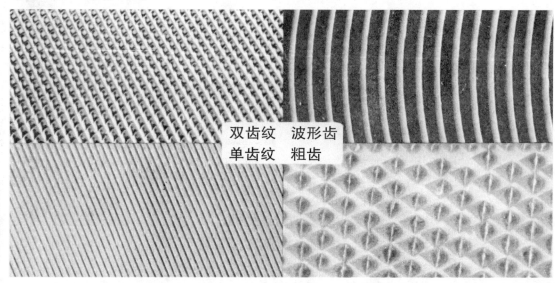

双齿纹　波形齿
单齿纹　粗齿

　　所谓锉刀的齿即为切削刃。一般锉刀的齿为双齿纹，特殊的有单齿纹、波形齿、粗齿，用于金属加工的一般为双齿纹。

　　锉刀的齿（双齿纹）分为"上行齿"和"下行齿"。在制造锉刀时，首先刻的是下行齿，然后再刻上行齿。从图上可以看出，上行齿刻得比较深，下行齿只刻到上行齿一半的地方。上行齿和下行齿的角度如图所示。在 JIS 中规定下行齿的齿数为上行齿的 80%~90%。齿数是以每 25mm 长度内齿的数目来表示。

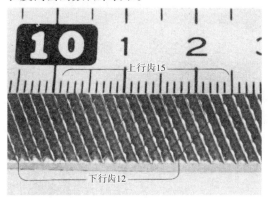

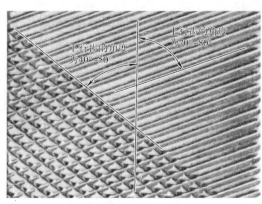

▲下行齿的数目（12）为上行齿数目（15）的 **80%~90%**　▲下行齿和上行齿的角度

▼钳工用锉刀的齿数

公称尺寸 /mm	上行齿齿数				下行齿齿数
	粗齿	细齿	双细齿	油光齿	
100	36	45	70	110	无论粗齿、细齿、双细齿、油光齿，均为上行齿齿数的80%~90%
150	30	40	64	97	
200	25	36	56	86	
250	23	30	48	76	
300	20	25	43	66	
350	18	23	38	58	
400	15	20	36	53	

▼整形锉的种类、齿数、长度、形状

种类	上行齿齿数			长度	组合的形状
	细齿	双细齿	油光齿		
5件套	45	70	110	215	平形、半圆形、圆形、方形、三角形
8件套	50	75	118	200	平形、半圆形、圆形、方形、三角形、锥形、镐形、椭圆形
10件套	58	80	125	185	平形、半圆形、圆形、方形、三角形、锥形、椭圆形、镐形、弓形、切削刃形
12件套	66	90	135	170	平形、半圆形、圆形、方形、三角形、锥形、椭圆形、镐形、弓形、切削刃形、双半圆形、蛤形

▼同为粗齿的锉刀，公称尺寸为400的锉刀（下）与150的锉刀（上）区别相当大

　　锉刀的齿从粗到细分为"粗齿"、"细齿"、"双细齿"、"油光齿"共四种。然而，齿数并不是根据它被称为粗齿、细齿来规定的，而是随锉刀公称尺寸的变化而改变。同样被称为粗齿，公称尺寸为400的粗齿和150的粗齿大小就不一样。这是因为锉刀做得小是要用它进行细小部分的加工，所以也要把齿做得小些。

　　整形锉的情况也相同，不过整形锉中没有粗齿。

▲公称尺寸为400mm的平锉刀，从左边起为粗齿、细齿、双细齿、油光齿

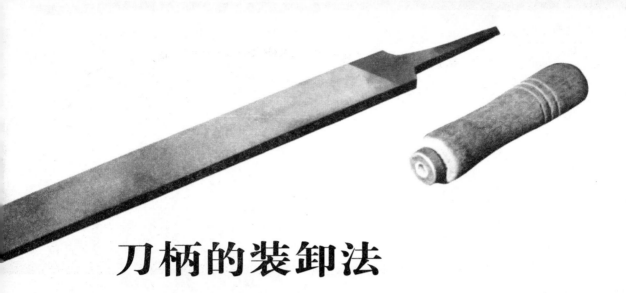

刀柄的装卸法

　　新的锉刀一定要装上手柄。手柄上已经开好了孔，把锉刀的柄部插入，注意锉刀本体和手柄的平行，用手挡住锉刀本体，然后在台虎钳等上面利用惯性把柄部打进去。

　　公称尺寸较大的锉刀柄部也较大，如果很勉强地把柄部打入，手柄有可能会开裂。因此需要先把手柄上的孔开大使其与锉刀柄部相匹配。

▲一手把持住保持平行

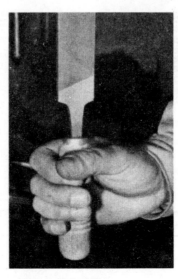

▲敲打柄端来装紧

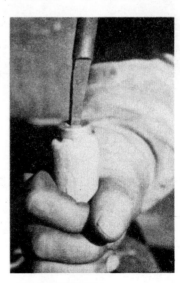

▲不能像这样倾斜

把手柄上的孔开大的方法，是使用和新锉刀差不多大小的旧锉刀，把它的柄部烧红后伸入手柄的孔中，把里面的木头烧去来使孔和新的锉刀柄部吻合。或者可以用稍粗一些的钻头来把孔钻大。反之，还有把锉刀的柄部用磨床磨去的方法。在锉刀长到对自己来说使用起来不方便时，这个方法比较合理。

关于把柄部打进去的深度，标准情况是要尽量充满手柄端部装着金属盖的洞。还是有因锉刀柄部较粗而装不进去的时候，此时应该把柄部磨小一些。

如双细齿、油光齿等是用来精加工的，不会使用很大的力，因此把手柄弄得短一些，使大拇指能碰到锉刀的面即可。此时就要把手柄切短。切好后，用粗锉、波纹锉等先把端部加工成圆头，然后用砂纸打光表面。如不这样做，手上很快就会起泡。

▲将手柄卸下比较简单

把手柄卸下就比较简单了，在台虎钳的一角让锉刀滑过去而让手柄撞在角上即可。

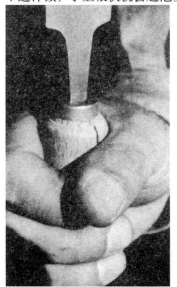

▲要使柄部尽量占满金属盖上的洞

▲小心不要开裂

▲把柄部磨得短小一些

▲用来精加工的手柄做得短小一些

锉刀的握法

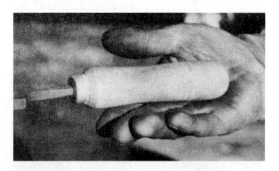

① 让柄的端部对着右手手心的凹进处。

② 接着弯曲四指握住柄。

③ 最后是拇指按下，握紧手柄。这和在 14 页上讲的弓形锯的握法完全一样。

④ 不知有没有人使用此种握法，这样是使不出劲的。

⑤ 接下来是左手。左手的拿法有多种多样，准确地说，左手不是拿，只不过是支持住罢了。如图所示用小拇指抵住锉刀的前端，手掌轻轻地碰到锉刀的面，像朝下压着那样把持着。或者只是把左手放在锉刀上面。

⑥ 如果只是用手指压着，便没法进行粗加工。

⑦ 用双细齿或油光齿的锉刀进行最后的精加工时，使用如图所示的把持法时锉刀就比较稳定。

⑧ 有时候最初的把持方法是正确的，但过一会不注意时就会像如图所示那样把右手的食指伸了出来。这个伸出的手指很容易受伤。有时候无意中就会这样做，一定要注意此种情况。

锉削时的姿势

锉削加工很消耗体力，正因为如此更要注意姿势，作业时的基本姿势正确与否，在效率和疲劳程度上会有很大的差别。

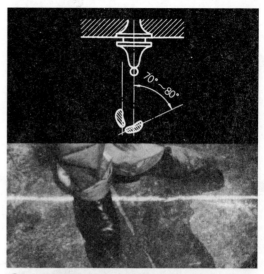

② 这时候脚的位置如图所示。

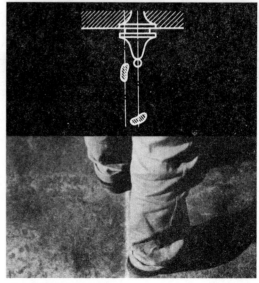

① 右手拿着锉刀，把锉刀的面放在工件上，然后站在能使右臂大约弯曲成直角的位置上。这个所谓的直角，因为作业台有高有低，台虎钳也有高有低，人的身高又有所不同，所以不能一概而论。如果是个人专用的作业台和台虎钳，可以把作业台按照自己的身高来做，或者在脚下垫个作业台。是共用的作业台时就只能调整自己的姿势了。

③ 接着左脚往前跨一步。

④ 然后用左手抵住锉刀的前端。

⑤ 现在开始锉。前方的左脚稍微弯曲，把体重压在锉刀上。然后，把体重的施压从锉刀的前端移动到末端，即用全身的体重来进行锉削。所以如果不是按照 60 页上所讲的正确姿势，就无法向锉刀加力。往前锉的距离够了之后就放松回到原来的姿势。不断地重复这个动作。如果身体不动而只用手腕来锉，则不仅每次锉的量少，又容易疲劳。

⑥ 还有一个重要的地方是右肘要紧贴着身体。

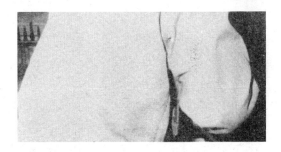

⑦ 如果右肘离开身体，体重就不能通过手腕加到锉刀上。

⑧ 如果脚是这样站着，即便想用体重压在锉刀上往前锉，体重也不可能加到锉刀上，无法往正前方前进。保持正确的姿势，在身体前进时，拿着锉刀的手应一直保持同样的高度。

锉削的进行方式

　　锉削的基本动作是加工平面，即用锉刀进行平面的加工作业。锉刀的把持法和锉削的姿势都是以平面的加工作业为前提的。

　　用锉刀进行平面加工作业的方式有以下三类。

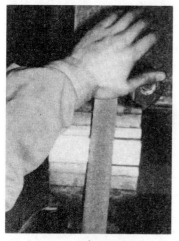

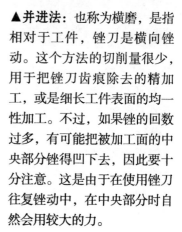

▲**直进法**：这是锉刀加工最基本的一种，是向锉刀的长度方向笔直地进行锉削的方法。向锉刀的长度方向笔直地进行锉削时，锉刀的上行齿和下行齿都是对工件进行斜方向的切削。所以，加工后的面比较平滑，留下的齿痕也都整齐地朝一个方向。最后的精加工时采用这个方法。

▲**斜进法**：这是把锉刀向右前方推进来锉削的方法。把锉刀向右前方推进，就是相对于锉刀比较深的下行齿是沿直角方向前进。所以，一次切削下来的量比较多，这适用于粗加工。如果没有很好地掌握直进法就采用斜进法。但如果左右手的平衡掌握不好，两个端面就容易倾斜。

▲**并进法**：也称为横磨，是指相对于工件，锉刀是横向锉动。这个方法的切削量很少，用于把锉刀齿痕除去的精加工，或是细长工件表面的均一性加工。不过，如果锉的回数过多，有可能把被加工面的中央部分锉得凹下去，因此要十分注意。这是由于在使用锉刀往复锉动中，在中央部分时自然会用较大的力。

加工余量大的时候

当加工余量较大时，想用机器来加工则需要先削出台阶，因此比较麻烦，但还不到需要用錾子切除余量的程度。还是考虑用锉刀吧，对锉刀来说加工余量就相当大。这种情况很多。
在这种时候应按照以下步骤进行操作：

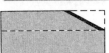

▲首先作为参考，先划上线使被削去的部分醒目。然后从一头用锉刀斜着锉。如果一开始就平锉，切削面积会很大，容易疲劳。

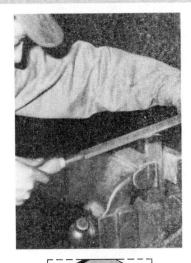

▲在一头锉到线的位置后，再从另一头锉，使剩下的成为山形。

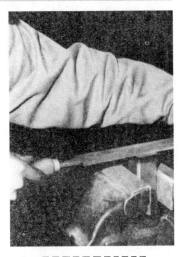

▲切削面变小之后再锉平面。这样每次的切削面积小，但切削量大，不容易疲劳。

平面的加工

如果加工余量没有如 65 页所讲的那么大，测量时如果在 0.5mm 以上，那还是从粗加工开始。

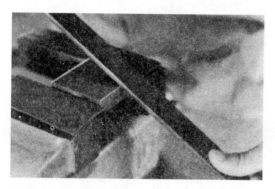

① 按照 65 页所讲方法划上线是个安全的办法。如果你习惯了，先在工件的两头用锉刀各倒 45° 的角，以其为基准来进行粗加工。这是个方便的办法。

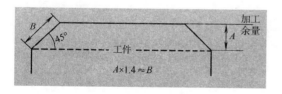

② 如图所示，对于加工余量 A，倒角 B 的尺寸约为 1.4A，即 $A \times 1.4 \approx B$，就可以得到 B 的尺寸。用游标卡尺也可以测得。当余量为 1mm 时 1mm × 1.4 = 1.4mm，B 约为 1.4mm 即可。再提高精度也没有什么意义。当然，45° 的角度一定要正确。

然后，一直锉削到两面的倒角消失。

如果是在侧面划线，那就需要经常停下来确认到没到线，而现在从上面就可以边锉边确认。如果锉得有高有低，究竟是近的一面有问题还是另一面有问题，也马上可以得知。

③ 进行粗加工时，比起平锉刀来，用方锉刀时切削面积小，所以切削阻力也小，不容易疲劳，效率也高。

④ 在用铣床的面铣刀进行平面加工时会出现织纹面，如果出现了这样的面就意味着面是平的。所以在进行平面的粗加工时，也常常削出织纹面，这样，在进行锉削时可以用眼睛确认它的平面度。

⑥ 最后是精加工。精加工时还是要使用双细齿或者油光齿的锉刀。还要改变持刀方式，用直进法来消除锉刀的齿痕。

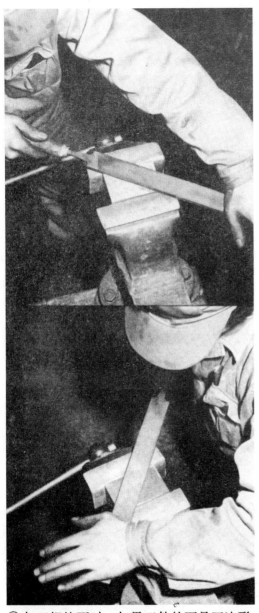

⑤ 加工织纹面时，如果工件的面是四边形，就顺着对角线方向锉，而且需要时常换另一个对角线方向锉。

角落和内侧角的加工

在加工内侧的角时，重要的是不要把邻接的面削得过多，或者是在邻接面留下伤痕。

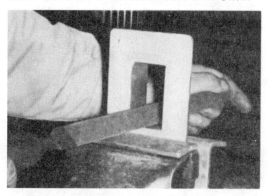

① 内侧的角度为90°，用方锉刀加工不就可以同时加工下面和侧面吗？这么想就错了。

因为方锉刀上的角不一定是准确的直角。这时候用三角锉来进行粗加工才较为合适。因为是三角形，加工时不用担心另外两个面会碰到工件的侧面。

② 用三角锉加工内角附近的面时，要注意把锉刀的另一条边稍微抬起一些，即只使用锉刀对着要加工的内角的这个角（边）来加工。

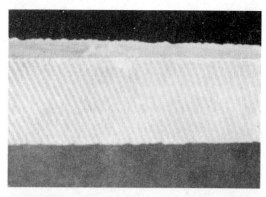

③ 平锉刀的两个窄面中有一个没有刻齿，然而也不能把这个面对着内角。从图上可以看到，那个面虽然没有刻齿，但相邻的两个面在刻齿的时候有毛边突出，这个毛边部分会对侧面进行切削。

④ 所以在加工内侧角的时候，有时把没有刻齿的窄面或者四面都有刻齿的方锉刀的一面用磨床磨光后再使用。

锉刀的侧面变平了以后，它就不会再切削工件的侧面了。

⑤ 然而这样还是有问题。即使把锉刀磨成完全的直角，由于它本身硬度很高，虽然不切削工件，但还是会在上面留下伤痕的。所以要把锉刀磨得比直角再小 1°~3°。这样锉刀的窄面与工件的侧面之间就有了空隙，因此不用担心会有接触，可以用锉刀加工到划线的地方。

⑥ 关于锉刀侧面削去的量，粗加工时用 1°，精加工时用 2°~3°。还有，尽可能用平面磨床来加工出正确的角度，磨石也要使用比较细的种类。如图左边所示为切削不足；中间所示为 90°，这两种情况都不适用。右边所示大约削去了 3°，这个就正好合适。

关于内侧侧面的加工，在粗加工时两个面一起锉削。留下适当的加工余量给中间的精加工和最后的精加工，按其顺序用齿越来越细的锉刀。

尽管下了不少功夫，到最后角落处还是很容易残留少许部位未被削去。所以要调整工件夹在台虎钳上的位置，使内侧的侧面位于右面，然后用锉刀小心地向右侧用力来锉削。

⑦ 有角度的角落（称不上是内侧面）的加工和 90° 角的加工方法相同。要把锉刀和这个角度对齐之后进行加工。如图所示是在加工135° 的角。

对角落、内部的角及其角落进行加工时，要注意在推进锉刀时不要左右晃动，因为这样很容易把锉刀切进角落部分。

整形锉的

先用钻头在右边的工件上加工大小两个孔，然后用锯子把它们连在一起。接着要把它加工成如图左半部分所示。在加工此类小零件时使用整形锉。

根据加工场所和形状的不同左手的辅助方式也有多种

整形锉虽然小，但不是用一只手就能够使用的。即使再小还是应该用两只手，可以说就是因为它小，所以不用两只手便不会稳定，加工出来的面也会不平。

在被加工面比较大的时候，或者是在粗加工时，用两只手拿锉刀使其稳定。

除此之外，左手还有多种辅助方式。在用并进法来消除表面的齿痕时也是如此。

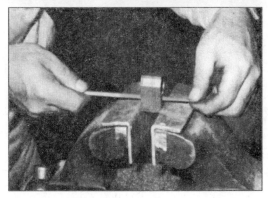

使用方法

▲因为工件很小，如果直接把它用台虎钳夹紧，加工时手会很容易碰到台虎钳的虎口，作业就会很不方便（左图）。此时可先把工件夹在手钳里，然后把手钳夹进台虎钳（右图）。

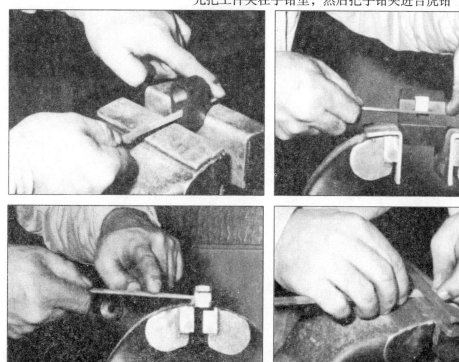

外侧曲面的加工

在用锉刀加工外侧的曲面时，除模具等精密的工件以外，一般主要是考虑外观上的要求，即对尺寸等要求不严格，但表面应该是个连续的曲面，最后的精加工也要求曲面光滑。

即便是曲面，如果它有侧面可以划线，自然是以划线为基准来进行加工。在现场可以用量规或和实物对照来使用，但是即使这样做了，还有细微处需要修正，这就是精加工阶段。

或者是更为粗略的加工，即只要加工成圆形即可，这种情况也不少。

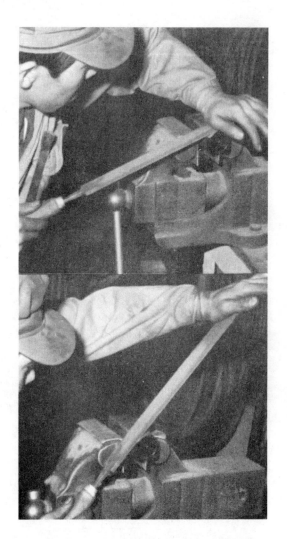

① 首先是粗加工。一般是把有角的地方加工成圆形。所以根据常识，先把角锉成45°（即把4角形变成8角形），然后在两侧取这个45°的一半（变成16角形）……。如果不是很大的零件则不用加工到32角形，一般到16角形就足够了。

② 接着是把它修圆。用锉刀时，一边把锉刀往前推，一边把近侧即右手的位置放低。这样反复多次，16角形的角就会被磨去，加工成大致的圆形。

④ 在曲面加工中，还有被称为倒角的、切出小半径的加工。在加工成 16 角形后，把工件转过 90°，在长度方向左右转动锉刀使其变圆。

③ 曲面加工自然不是只有这种情况。有时候需要从最下面或是最上面开始向对侧加工，还不得不采用很勉强的姿势。熟练后可进行此操作。

⑤ 无法夹在台虎钳上的大零件便可让其就地放着，用锉刀加工。熟练后可进行此操作。

73

内侧曲面的加工

　　用锉刀加工内侧曲面与加工外侧曲面时完全不同。内侧曲面不像外侧曲面那样可以沿着曲面的方向锉，不管曲面的宽度如何，都必须沿着与曲面成直角的方向来锉。

　　内侧曲面也有许多种。如果是个孔，一般先用钻头打个预制圆孔（最后不一定是个圆），就从那里开始扩大。

　　如果是半圆之类的内侧曲面，就不能用钻头了。在工件的一边先开个 V 形缺口，方法有很多，如用锯子锯、用锉刀锉、用磨床磨、用气割等。不管用哪种方法，都是取个大概的尺寸进行粗加工，一般是先划好线。

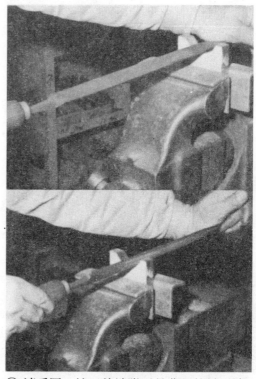

② 请看图。锉刀前端附近是曲面的最下端。从那里开始一边按着锉刀一边向左（逆时针方向）转动进行锉削。然后，到锉刀根部附近最高的位置为止转过约 1/4 的圆周。锉刀也像加工内角时那样，在向对方推的时候用力，所以，不采用从低处向自己近侧拉起的切削方式，这样无法使体重加到锉刀上。

　　如果只能从近处开始用力，那就从近侧高的部分开始，一边压着一边朝低的方向锉削。

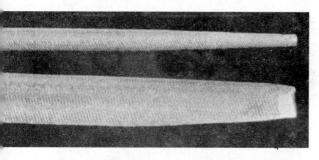

① 预加工完成后，用锉刀进行下一步加工。粗加工时用半圆形或是圆形锉刀，采用斜进法。如果用直进法，曲面的直径就与锉刀的直径相同，容易变成个半圆的曲面。这时候用斜进法，不光是要避免使曲面成为半圆，而且要转动锉刀的曲面，使加工面成为连续的曲面。

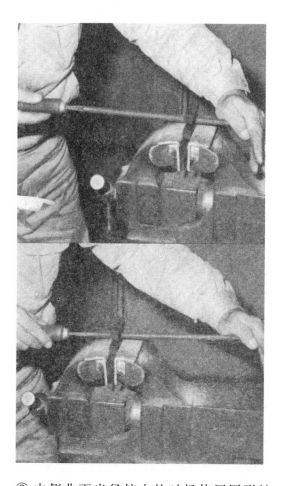

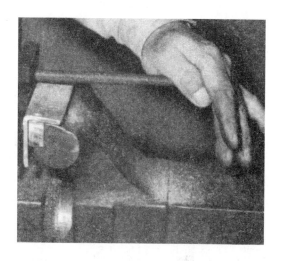

④ 这个时候左手的姿势也很重要。将锉刀前端置于手掌的中央，大拇指弯曲成像要抓住锉刀似的，这样来支持住锉刀的前端，使它转动时保持稳定。如果与用平锉刀时一样左手只是张开着，锉刀转动的时候就容易晃动。

③ 内侧曲面半径较小的时候使用圆形锉刀。请看图。圆形锉刀不像半圆锉刀那样用来锉削的面有限制，它可以比半圆锉刀转动得更加灵活。从锉刀前端附近开始，到中央部分，再到锉刀的根部附近，一边往前锉一边转动。然而由于是圆的，看不清是否转动过，所以只能看右手的变化。拿着柄的右手一边推锉刀一边向内侧（左侧即为逆时针方向）转动，大约转过了1/3。

⑤ 内侧曲面和平面的交线是条直线即可。如果这条线是弯的，就说明曲面歪了。最后的精加工只能用直进法，否则消除不了表面的齿痕。

倒角

锉削外侧曲面半径的倒角时，对着这个要削去的角，用锉刀从横向锉。如果是45°的倒角，即图上有这样的指示时，则要从工件的长度方向锉，这样就不会因为锉刀的宽度而影响加工的宽度。倒角面容易加工得均一，而且用目测即可看清加工面的变化。

① 首先把工件上需要加工的角呈 45°夹在台虎钳上。

② 需要倒角的面比较小，如果不注意会锉削过度。锉刀以直进法或斜进法向对面前进，注意切削量不宜过大。

③ 最后用细齿的锉刀以并进法来消除齿痕。

① 把工件倾斜 45°夹在台虎钳上。

② 以斜进法向对面前进。

③ 最后对倒角面进行加工以消除齿痕。

特殊锉刀

这里所说的特殊，是指把普通的锉刀变成特殊的锉刀，并不是专门有特殊锉刀，而是自己将其加工、变形而已。

① 这是把平锉刀的柄部去掉，熔接上和平锉刀形状差不多的铁板（铁棒）。如图所示，它可以用来锉比较宽的面。如果装着普通的手柄，在加工较宽的面时手柄就会妨碍加工。

② 同样，去掉柄部熔接上方形棒，并把棒弯曲成便于把持的形状。这样，不管在多大的板上都可以进行锉削了。不过它与①中所述不同，只能用锉刀的一面进行加工。

③ 这是把锉刀的本体按需要弯曲成各种曲面的形状。用燃气加热弯曲的地方，然后快速冷却，如有可能用油冷。如果加热弯曲后任其慢慢冷却，淬火的锉刀就会钝化。这种锉刀也只能使用一面。

① 去掉平锉刀的柄部，熔接上铁板。

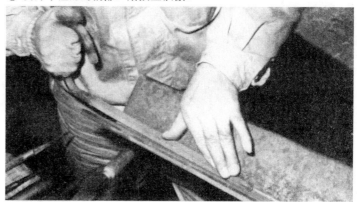

② 去掉柄部，熔接上方形棒，将把持部分弯曲。

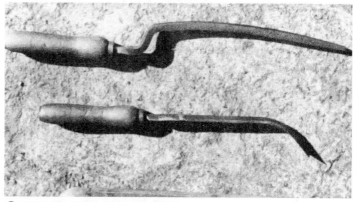

③ 把锉刀的本体按曲面的形状弯曲。

▲锉纹被堵塞的锉刀

锉刀的锉纹堵塞

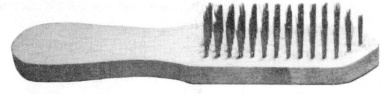

▲钢丝刷

在加工铜、铝等比较软而又有韧性的材料时，锉纹堵塞不可避免。锉纹被细小的金属颗粒堵住时，无论使用多大的力，被加工的材料无论有多软，锉刀只会打滑。

以车刀为例，如果切削面上堆满了切屑，想要让车刀往里切，但被那些切屑阻挡着，怎么也切不进去。

如果感到锉刀有点打滑，或者手上有这样的感觉，不要犹豫，要赶快进行锉刀的清扫工作。

这时的首选是使用钢丝刷。

▲钢丝刷要顺着上行齿

▲软钢片切入上行齿缝，清除出切屑

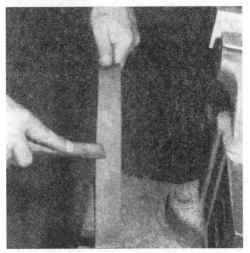

▲对堵得很严实的切屑应使用软钢片

▲整形锉也用同样的方法处理

把锉刀的前端支在作业台上，用钢丝刷顺着锉刀的下行齿方向刷。如果是锉一般的钢材，堵塞基本上可以清除。

锉纹被铜、铝等比较软的材料堵得很严实时，有时候用钢丝刷清除不了，这时可改用软钢片。用磨床等把大小合适的软钢片的一边加工得笔直，和用钢丝刷时一样支起锉刀，这次是顺着上行齿，一边往下推一边清除。这样，软钢片会切进锉齿的缝里，把比较软的切屑挤出。

整形锉的锉纹被堵时也用同样的方法处理。

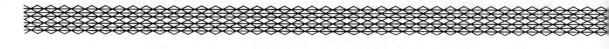

古今纵横说钳工

是钳工，组装工，还是机械工？

钳工的工作内容变化很大。在过去，钳工的工作，就是对那些用机器加工达不到精度的，即一些细小的部分进行局部调整，一边测量一边加工，直到达到精度要求。

现在，机械的性能变得更好，加工的时间大为缩短，操作也方便多了，而且精度也足够了，像过去那样的钳工就没有用武之地了，所以钳工的人数也相应地减少了。

现在的钳工，是指那些不用机床等机械，而是用手加工或进行组装的人们。然而这个范围的变化和老一辈人的感觉常常不一致。说到钳工，马上就想到应该是那些进行精密加工，或者是会这些手艺的人。

然而现实是，钳工就是指用手来加工、来作业的人们。用手加工、用手作业这个说法，是不是在什么地方都可以通用，我们无从知道。

在过去，主要是做组装、分解、修理等工作的钳工当然是有过的。而且，这些人确实是被称为钳工。当时因为某种原因，把专门进行精加工的钳工和专门进行组装的钳工区分开了。

这是因为机械加工的精度提高了，零件的公差也缩小了，而且设计技术、生产技术和管理技术也相应提高，组装的时候需要用手修正的情况几乎消失了。与其这么说，倒不如说用手工修正反而不好了，所以对组装手艺的要求也就改变了。

然而，当工厂规模扩大后，在生产流水线以外，为了制作夹具和模具等，还是需要精密钳工加工的，所以这些部门还在培训和过去的钳工很相似的钳工。

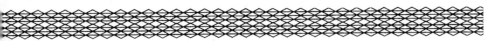

还有一个是技术奥运会。技术奥运会上的机械组装、模型制造、精密机器组装等，和过去一样都是让参加的人用锉刀、刮刀、磨石等进行精密加工。为了参加这样的大会，从而使大家更加干劲十足，工厂也在进行这方面的训练。

然而现实是，由于机械的进步，一般的零件加工都由机械工人完成，所以像以上所讲的钳工就没有存在的必要了。用机器把零件加工到正好需要的尺寸，谁来装配都是一样的，这就是现在的机械技术。

事实上现在的工厂，要有精加工的钳工也罢，组装的钳工也罢，因为像技术奥运会上的那些项目，用机器来完成要快得多、正确得多，所以这些工厂并没有特地让工人们用锉刀、刮刀、磨石来完成。技术奥运会是以欧洲古代的专门技术制度为基础延续下来的，所以会出这些项目。现在总不会让一个人既要用工具铣床，又要用磨床来组装精密机器，然后还用仿形机床和钻床来进行机械组装，即便有这样的人，在他们自己的厂里也不会这样做。

不过对于那些中小型工厂来说，如果不是以承包大工厂给的加工任务为主，从加工数量、加工单价、加工设备等方面来考虑，还是希望有那些"只要是金属加工什么都做"的万能选手。也就是说，在加工一件产品时，从大的方面如在原材料上用气割割下毛坯、用电动磨床磨平切断面、划好线、用钻床或电动钻开孔，到小的方面如用锉刀精加工等全部工序由一个人来完成，或者虽然不是全部由一个人来承担，但随时可以接手，随时可以分担任何任务。这样，就不能简单地称他们为机械工或是钳工了。

当然，从制造机械或者是机械零件来看，也许一般认为就是机械工吧。

如果没有气割设备，可能切割时就去委托外面加工，或者到商店买来大小合适的毛坯。但可以做成零件的金属块在工厂的角落里到处都有，比起去买材料、去委托加工，利用这些金属块不是既便宜又快吗？

如果加工余量太大，还是用机器加工既省力效率又高。然而考虑到时间和费用，如果只加工一个还是自己动手吧。这样，就要看加工者是用电动工具还是使用锉刀了。这样的加工者应该是钳工了。

希望锉刀也带刻度

那是过去还年轻的时候发生的事。在培训新来的工人时，用平锉刀加工出一个中央部分凹下去的面给他们看，他们都很吃惊。虽说是凹下去，也不过只是 1mm 以内。

演示这个给他们看的目的，是要让他们

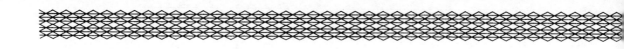

知道锉刀不是平直的。所以在拿着锉刀的时候，首先就要调查该从哪儿开始（锉刀是弯的这一点已经知道了），然后充分利用此时的加工条件，这是重点强调的。

对于精密度要求高的平面，就应从几把锉刀中挑选一把最好的，即选择看上去平面是最平的那一把来使用。

不过，评价锉刀的好坏不仅仅要看它平不平，更重要的是要看它的锋利程度。如果有几把锉刀，就一把一把地试用，好的那一把该在什么时候用、在什么地方用，这是必须考虑的问题。

有时只讲了锉刀的用法，没有讲每回该锉多少的问题。如果是机器，一般在手柄处都有刻度，进给一格会切掉多少谁都知道（如与刻度不一致则是例外）。然而如果用锉刀加工，切削余量还剩多少，再锉几下为妥，这些问题很多人没有考虑过。

如果是机器加工，加快转速、加大进给量则会提高效率。然而用锉刀加工时，无论如何人与机器无法类比，人的体力不可能像机器那样能马上提高。多年来，机器的能力已经提高了很多，而人们使用锉刀的能力却一点也没改变。

那么，人们使用锉刀的能力从哪里来区分呢？可以看测量的次数。如果锉一会儿就测量一下，然后再锉一点，这样反反复复，比起锉的时间来，反而测量用的时间更多。

在精密加工时用在测量上的时间多一些是必然的。无论哪种情况，到加工完成为止所需的时间尽量短才是效率高，而且还不容易疲劳。

每把锉刀使用时的感觉及其锋利程度都有不同，再加上加工对象的材料、加工面积的大小等条件也不同，所以锉刀每一回的切削量也不能一概而论。然而人的感觉是不可思议的，如果你用心培养自己在这方面的感觉，精度就会提高很多。

车工能用圆规测出 0.01mm 的差也是经验积累所致。在没法用微米尺的地方，或者是用起来很困难的地方，不管测量手段进步到何种程度，使用那个既简单又不会发生故障，而且又便宜的圆规是效率最高的。

钳工用锉刀也是如此。使用时感觉都不一样，这种材料、这么大的加工面积，锉一下会削去多少，要能记住这种感觉。

为了这个而特地练习，在一般的工厂里是没法做到的。要在每天的工作中，在每次测量后自己用心来确认、整理，这些经验累积起来你就会逐渐熟练的。

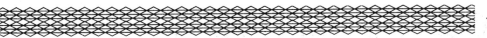

隐蔽着的外观也能反映你的水平

用锉刀加工后，外观的好坏也是反映你的水平的一个方面。当然对象是机械零件，装进机器里面又看不见，如果装在外面一般都要涂涂料，用锉刀加工后的面就这么暴露着让人评论的事是没有的。

然而在零件加工后，用两个以上的零件装配，而且它们又在同一个面上时，如图所示用锉刀加工后的齿痕方向相同且在一定程度上比较一致的，和齿痕方向完全不同且呈90°交叉的比较起来，它们的外观大不相同。

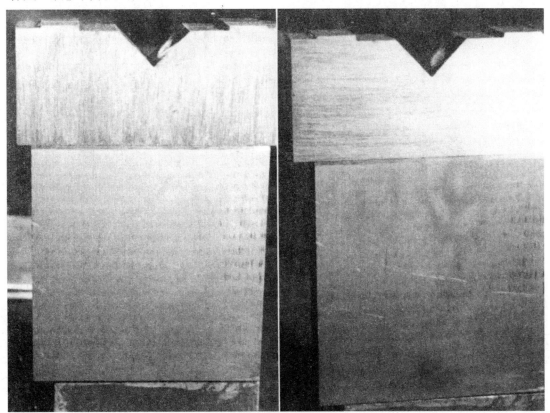

▲左边两个零件的锉刀齿痕方向相同，右边的分别为竖向和横向

83

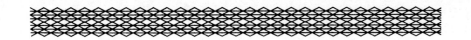

在组装这些零件时，也是把齿痕向同一方向修正后看上去更加协调。这难道是自我欣赏吗？不，别人在组装时会感叹："这是谁加工的，真是棒！"在让别人承包加工时，即使是和机械性能无关的部分，如果外观好，对加工费等会有一定的影响。

就算不直接反映你的水平（不知这个语言是否恰当），如果能一边注意这个方面，一边加工出符合要求的东西，即使是同样的精度，也是外观好的得到的评价更高，这是广泛意义上的水平。

同样，如果刮刀加工面的花纹能排列得很漂亮，同样的精度，花纹漂亮的一方会得到较高的评价，两者是一样的情况。为此，刮削师们（这也是过去的称呼）就在努力使刮削的花纹更加漂亮。即使是没有花纹的刮削面（即霜形面），手艺高的人加工的看上去就是有一种很整齐的感觉。

用这些手段来测试钳工的水平

前面讲过钳工的工作内容发生了变化。过去，对那些流动钳工师使用以下的测验手段。

用锉刀加工一个大小合适的直方块，在两个相对的面上根据划线各钻一个 1~2mm 的孔，要让这两个孔的中心正好对上。能做到这样的钳工师是有的。

众所周知，第一个条件是直方块（六面体）的各个面平行，而且各个角为直角。自然也要检查加工面和尺寸精度。再以其中的一个面为基准，划线（也有打印的）要正确，然后用钻头（自然是台式钻床）时的对中心也要正确，这是第二个条件。还有，如果磨钻头的方法不正确，不管你把钻头与划的线对得多准，因为只有 1~2mm 的钻头，很可能马上弯曲。

那么细的钻头必须研磨得正确（当然是用目测），既不能堵塞排屑槽，又不能让钻头折断，还要用那么细的钻头钻到尽可能深的地方。这个使用钻床的技巧是第三个条件。

此外，还有一个是正六角形的阴阳配合模子的制作，也是钳工考试时常常用到的题目。这是先做一个正六角形的块（每个角都为 120°），然后根据其大小做一个能恰好放进这个块的阴模。把这个正六角形的块在阴模里转动 6 次，再把块反放，再转动 6 次，共 12 次，每次这两者的配合都要相同。直到现在，大工厂的模具工培训，还是用它作为教学内容。

上述的两个测验，加工的时间也在评价范围之内。

刮刀、錾子、钣金

刮刀

刮刀的种类、形状、角度

形状

从切削刃的形状来区分，有"平刮刀"和"三角刮刀"。用得最多的是平刮刀。此外有一种特殊的、前端弯曲的钩形刮刀，不过几乎不再使用。

平刮刀中，有刀体为笔直的种类和中间有弯曲的种类。

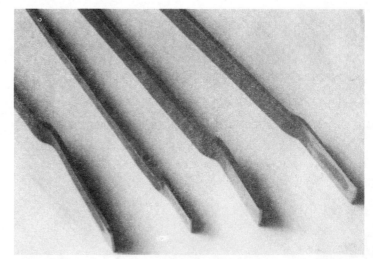

▲各种平刮刀

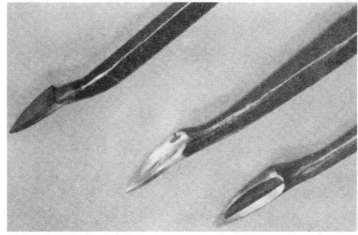

▲各种三角刮刀

材料

制成刮刀的材料有高速钢和超硬材。用高速钢制造时刮刀整体加热成形，切削刃部分进行淬火。超硬材的刮刀有刀片钎焊式的和机械夹固式的。超硬材的刮刀上不装山形弹簧。由于超硬材的刮刀比高速钢刮刀的寿命长，所以最近超硬材的刮刀用得多。

▲钎焊了超硬材的平刮刀和三角刮刀

柄

刮刀的柄也和锉刀的柄一样可以另外购得。不过，由于刮刀要抵在腰部来使用，大部分柄的后端装有厚厚的橡胶或皮类，可使接触面积变大。作业者常把它做成与自己的身体条件相符合的形状。

三角刮刀的柄和锉刀的柄相同。

▲平刮刀的手柄装有腰靠垫

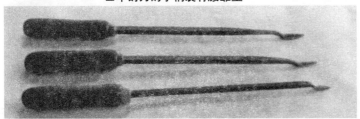

▲三角刮刀的柄和锉刀的相同

角度

刮刀也是切削工具，根据工件材料的不同可选用不同角度的切削刃。用刮刀加工的制品材料多为铸铁，三角刮刀加工的是黄铜、巴氏合金等比较软的金属。

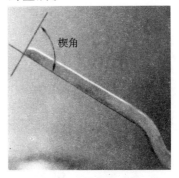

楔角

铸铁、软钢
　粗加工　　70°~90°
　精加工　　90°~120°
黄铜、青铜
　粗加工　　70°~80°
　精加工　　75°~85°
铅、巴氏合金
　　　　　　60°~70°

平刮刀的研磨方法

先以热加工制成刮刀的本体，接着用磨床把切削刃、侧面、内侧加工成形，然后用磨石进行最后的加工。由于内侧的面积很大，要用磨石来磨成形相当困难，故可利用磨床先把内侧的中央部分磨去。

研磨平刮刀用的磨石的表面必须加工得很平坦。

右手握住切削刃附近，左手支持住柄端，以保持切削刃必要的角度。切削刃相对于磨石的长度方向成45°角。然后，双手一边压着，

▲切削刃相对于磨石成 45°角，朝长度方向推进

▲和切削刃的内侧对齐

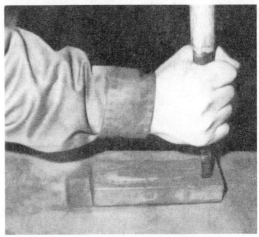

▲如果切削刃带有半径，只让切削刃作摆动

研磨方法

一边向磨石的长度方向推进来进行研磨。

这时候如果双手不是平行移动,切削刃的角度会不正确,或者变成圆角。研磨的时候在朝前方时用力,回来时放松。要充分使用磨石的全长。

如果切削刃与磨石的长度方向成直角,刮刀容易倒下,就无法正确地研磨切削刃。反之如果与长度方向平行,就像在挖磨石的表面,因此也不可取。保持45°时,容易维持切削刃的正确角度,磨石也不会受损,因此是对两者都有利的做法。

磨好后的刮刀,在切削刃的内侧会出现毛边,此时使切削刃的内侧平放在磨石的表面上,轻轻地摩擦。

如果研磨刮刀是为了加工储油面,则切削刃要稍带些圆弧形。此时,使用磨石较差的一面来加工圆弧形。研磨时的把持方法和上述方法一样,用于支持柄的左手不动,以此为中心,利用右手使切削刃在横向来回晃动。

三角刮刀的研磨方法

右手压在切削刃附近,左手握住柄端,从前端向本体方向施压,来进行研磨。

反面也用同样的方法研磨。

在切削刃的内侧也会出现毛边,把切削刃的内侧对着磨石,从切削刃的前端向本体方向,一边改变与磨石的接触位置,一边进行研磨。

▲右手压在切削刃附近,从前端向本体方向……

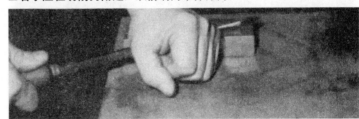

▲压着来进行研磨

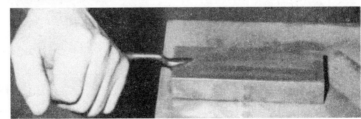

▲切削刃的内侧正好放在磨石上来研磨

* * *

磨超硬刮刀不能使用普通磨石,要使用金刚砂磨石,即在磨车刀时所用的那种,一般是杯形磨石。

平刮刀的使用方法

① 首先讲刮刀的握法。右手握住刀柄的最前端，然后把刀柄的后端顶在腰部。左手放在右手的上面，像从上往下压那样。

这时是右手在保持着刮刀的角度，顶在刀柄后端的腰部是出力进行铲刮的。但如果就这样压着进行刮研，有可能会使刮刀切得过深。让左手来调节顶着的力度，便可以减少刮刀的弯曲程度，从而改变切入深度。右手还要起到把刮刀往上抬的作用。两脚站立的姿势要能使腰部加的力容易调整，膝盖稍微弯曲。

左手下压时用力大小的调整，要随刮刀切削刃的厚度、弯曲部分到前端的长度等来变化。关于这些条件也有多种不同的情况（参考 86 页）。自然切削刃薄、长度长的刮刀就容易弯曲。

然而，从自己准备好火炉来制造刮刀的立场来讲，总是尽量做得长些，可以减少生火和淬火的次数。

刮刀顶在工件上的角度应在 15°~30°之间。这样，只需变化两膝盖的弯曲程度，不论工件如何放置，总可以进行一定程度上的加工。

② 但在用刮刀加工较大工件的滑动面时，常常无法使用自己认为合适的姿势。很勉强的姿势是不可避免的。不过即便如此，上面讲的动作要领还是最基本的。

④ 用刮刀加工比较小的工件时，把工件夹在台虎钳里，把刮刀的柄像藏在肋下那样来压。这时如果还用腰部来顶，刮刀的移动有可能会太大。

在用刮刀加工的面积较大、要刮的点数很多的时候，建议以一定的节奏来加力进行铲刮，会减少疲劳而且能加工得均匀。

③ 切削的方向大约为45°角，先沿左右方向刮菱形花纹，除此之外还要沿纵向、横向，并从所有的角度来切削，以使表面平均化。

铲刮的花纹

刮刀铲刮出来的花纹各种各样，然而即使模样不同，但在精度上几乎没有差别，从这点上来看并无实际意义。

不过，有时铲刮是为了表面能储油。在这种时候，储油坑的深度、大小、数目等，就自然决定了花纹的样子。此外，有的时候只是为了外观而进行铲刮，以做出花纹。

如果按顺序做，花纹会自然形成，不用刻意追求。

铲刮出的花纹大致可分为四种，即方块花纹、蝴蝶花纹、鱼鳞花纹、燕子花纹四种常见的类型。

方块花纹有直角方向的和呈45°斜角方向的。这种花纹主要重视外观，也能储油。加工这个花纹时用平刮刀往正前方向前进，只移动刀的幅宽。

加工蝴蝶花纹时也是以同样的方式前进，不过要稍微抬起切削刃的一角。

切削刃一边前进一边扭动，或者是以曲线前进时，就加工成鱼鳞花纹、燕子花纹。还有，没有特别的纹理就称为霜形。上述的花纹是相对于霜形的不规则而言。

方块花纹

鱼鳞花纹

燕子花纹

蝴蝶花纹

三角刮刀的使用方法

三角刮刀用于滑动轴承等与内侧曲面配刮时的加工。右手的握法与锉刀手柄的握法相同，左手握住切削刃与手柄的大约中间的位置。

半圆形的轴瓦不是很宽，所以把它夹在台虎钳上来进行铲刮。由于在狭小的范围内加工，就不像平刮刀那样要把刀柄抵在腰部。

握着手柄的右手一边朝下压，一边扭动着前进。左手从上面压着刮刀，注意用力的大小。为了辅助右手的扭动，上下转动手腕。

刮刀的前进方向一定要是斜前方。刮平面的时候也是同样。从右方或者是左方，在全长的范围内刮出织纹来。

还有，在粗加工时使用切削刃本体较宽的部位，精加工时使用尖锐的刀尖部位。

检验面的配合程度使用红丹涂料（或称为铅丹、红粉，用机油混合）。用头部小的笔涂起来效率不高，还是使用小刷子更加方便。

三角刮刀的大小一定要根据加工工件曲面的大小来决定，否则加工起来会很困难。

▲朝斜前方刮出织纹

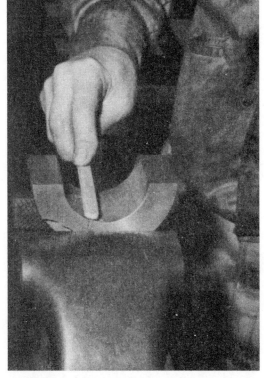

▲使用小刷子涂红丹涂料

93

配研

先准备好作为基准的平台。平台不用太大，但是平面度要高。

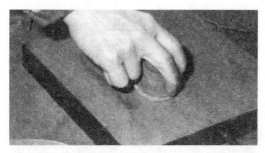

① 在台上涂红丹涂料。用刷子蘸上红丹涂料，在台上一边画圆圈一边移动位置，这样就可以涂得均匀。

② 接着再往纵、横两个方向涂刷。

③ 最后用干净的废棉纱头轻轻地把垃圾等擦去。在粗加工阶段要涂得较厚一些。

④ 一般来说用刮刀刚刚加工好的面，总会残留一些毛刺等，所以先要用细的磨石（一般用白钢玉磨石）在面上轻轻地全部磨一遍，然后用干净的废棉纱头把磨下的碎屑擦去。如果不这样仔细打扫一遍，会把配研的平台划伤。这两个步骤一定要认真地完成。

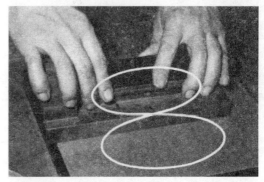

⑤ 使加工好的面朝下，将其轻轻地放到配研平台上。以这样的状态从四个角轮流地推，可以大致知道和配研平面的配合程度。把工件慢慢地像划 8 字那样在台上滑动。在工件大的时候正好相反，即让配研台在工件上划 8 字。

⑥在配研平台与工件大小差不多的时候，要尽量让滑动8字的范围遍及双方的平面。

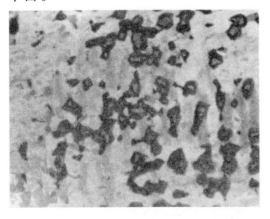

⑦把工件拿起来进行检查，和基准的配研台接触到的地方，就涂有红色的红丹涂料。涂到红色的地方也有区别，它的中央部分（高的地方）碰得较重，就变成了黑色，黑色的周围为深红色，最外侧为淡红色。这种分布状态称为"红色接触斑点分布"。

根据这个接触斑点的分布情况，高的地方再用刮刀刮削。根据微小的高度差，来调节切削量、宽度等。

⑧感觉刮削得差不多了就再对研，下一次的接触斑点分布情况会完全不同，然后再进行铲刮。重复几次后，接触斑点的分布就会越来越均匀，随后红丹涂料的涂层也应越来越薄。

接触斑点的分布变得均匀了，就把配研台面擦干净，然后在工件的表面涂上一层薄薄的红丹涂料，以相反的关系再来对研。这样，所碰到地方的红丹涂料就转移到配研台上，相应的部位就变黑了，这称为"黑色接触斑点分布"。

⑨黑色接触斑点的分布也有高低差，要好好辨别，最后要使工件表面上均匀地分布着小的黑色接触斑点。

配研的精度取决于这个黑色接触斑点的数目。一般表示为"每坪多少"。所谓坪是平方英寸（$1in^2=6.45\times10^{-4}m^2$），数目越多精度越高。这个"坪"不管取在哪里，黑色接触斑点的数目都差不多为最佳。

此外，也有用"%"来表示的方法，即把黑色接触斑点分布的面积用百分比来表示。

三者配研

刮刀可以进行用机械加工无法完成的非常细小的调整，这是它的优势所在。此外，比较大的平面还有平面度的要求。因为在这个平面上要进行滑动，如平台或机器、检测用机器等的滑动面，就需要有一定的油留在面上，这时候就要用刮刀来加工。

由于这些缘故，没有配研台（基准台）的地方，或者是进行基准台的精度检查以提高精度等，总需要有个基准。在这个时候，就要使用"三者配研"的方式。

首先，要准备好基本是平面的 A、B、C 三个工件。这三个工件经过五道工序的加工，就可以变成完全的平面。

因为经过这五道工序，三个工件的面都变成了平面，就可以成为基准台。如果还是不完全，就再重复交换，进行两个工件之间的配研。

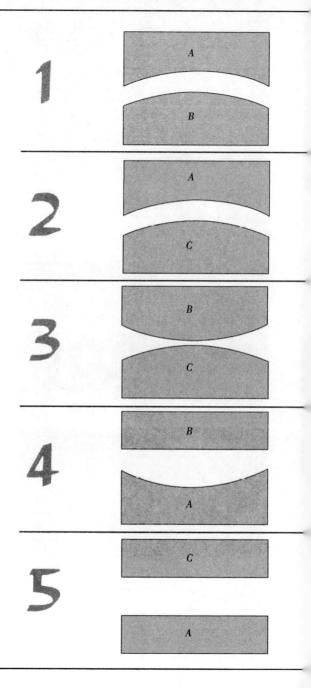

第一道工序是 A 和 B 的对研。两者碰到之处进行平均。完成后可以认为是平面了，但极端时有可能成为如图所示的关系。

第二道工序是先把 B 搁置，以 A 为基准和 C 进行对研。这样，C 和 B 就成了一样的状态。

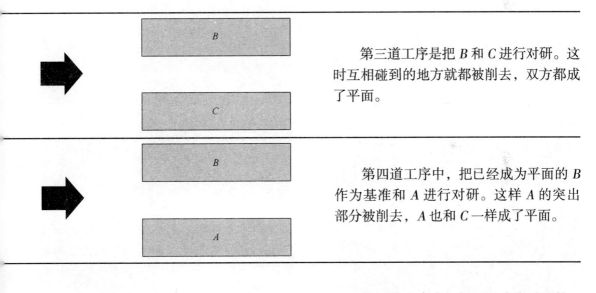

第三道工序是把 B 和 C 进行对研。这时互相碰到的地方就都被削去，双方都成了平面。

第四道工序中，把已经成为平面的 B 作为基准和 A 进行对研。这样 A 的突出部分被削去，A 也和 C 一样成了平面。

第五道工序中，把已经成为平面的 C 和 A 进行对研来看它们的平面度。如果它们成为完全的平面，那么 A、B、C 这三个工件就都是正确的平面了。

錾子

錾子的种类和切削刃的研磨方法

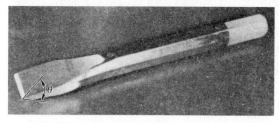

平錾子的用途最广，使用得最多。它用于平面的錾削以及棒材或板材的切断。

尖錾子又称为削錾，精加工余量多的时候就用它来粗切，也可用来切沟槽。

油槽錾子就如它的名称那样，是在加工轴承和回转轴等的从动部分中能储存大量油的沟槽时使用。

▼根据材料应取的楔角

材料	楔角θ/°
铜、铅、白铁	25°~35°
黄铜、青铜	40°~55°
铸铁、磷青铜	55°~60°
软钢	50°~60°
铸钢、硬钢	60°~75°

錾子是用于錾削作业的刀具。把錾子的切削刃顶在金属上，用锤子敲打錾子的头部来切削金属。錾子的材料为碳的质量分数在0.8%~1.2%之间的工具钢，经热加工制成。切削刃是用来切割金属的，所以要有足够的强度，不能产生缺口，为此要进行热处理。

根据其用途的不同，錾子有各种形状。用得最多的是平錾子、尖錾子、挖油沟的錾子等。还有挖垂直面用的单刃錾子，挖洞用的菱形錾子等，不同的作业使用不同形状的錾子。

錾子的楔角一定要根据工件的材料而变，否则切削刃会产生缺口，或者被工件咬住，无法进行高效率的作业。根据工件的材料，切削刃应取的角

▲正确的切削刃研磨方法

度请参照左表。比较软的材料θ就小，硬的材料θ就大。无论平錾子还是尖錾子，楔角的变化规律都一样。

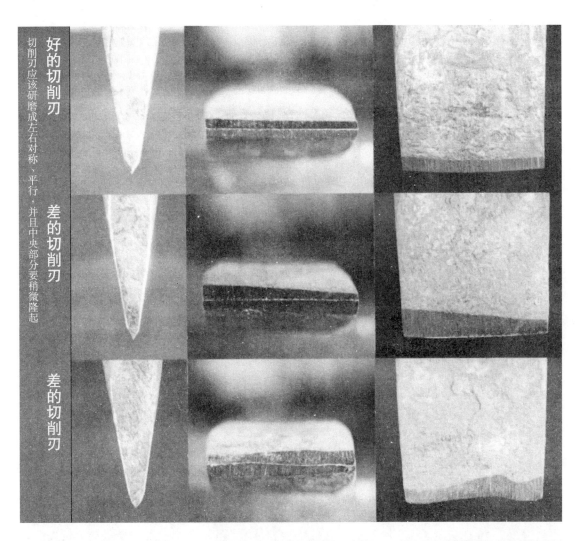

　　錾子的切削刃如果有了缺口或者被磨损了，就使用工具磨床（tool grinder）来修正。此时也应恢复楔角。

　　切削刃成水平状态轻轻地抵在磨石的外周上，小幅度地左右摆动。不能把切削刃竖起，也不能用磨石的侧面来磨。如果把切削刃竖起对着磨石，会把切削刃磨出半径与磨石外周半径相等的圆角。

　　磨好的切削刃应该以中心线为基准左右对称，并且从正面看切削刃必须是平行的。如果变斜了，用它来錾切时面也会变斜，而且切好的面会很不美观。

　　从平錾子的上面看，形状正确的錾子的中央部分应有0.5mm左右的凸出。

99

锤子、錾子的握法和定位法

▶ 这是锤子的正确握法

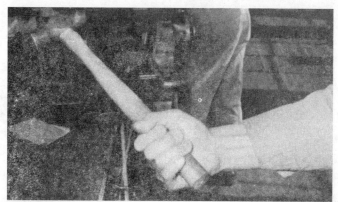

▶ 这是錾子的正确握法

▶ 不能这样握

● 锤子的握法：

一般使用 0.45kg（约 1lb）左右的锤子。握的时候，在柄端留 10~20mm，用大拇指、食指、中指握住，其他的手指只是轻轻地收拢。

这时候，要好好确认一下自己的手上和手柄上是否有油。如果带油，在作业中锤子容易飞出，这是很危险的，要用废棉纱头等擦干净。

● 錾子的握法：

錾子的头部留出 10mm 左右，用大拇指和食指夹住，中指和无名指再轻轻地握住。小指不要用力，轻轻收拢即可。

要是使用 5 个手指一起握，就会握得很紧，不容易把切削刃对准目标。

还有，万一锤子打偏敲在了手上，握得紧时手上的肌肉也绷紧变硬，这样感觉更痛。

手也不能离錾子的头部太远。要是握住錾子的下部，手动时头部晃动的幅度也大，锤子打下时就不容易准确地打在錾子的头部，而常常打到手。

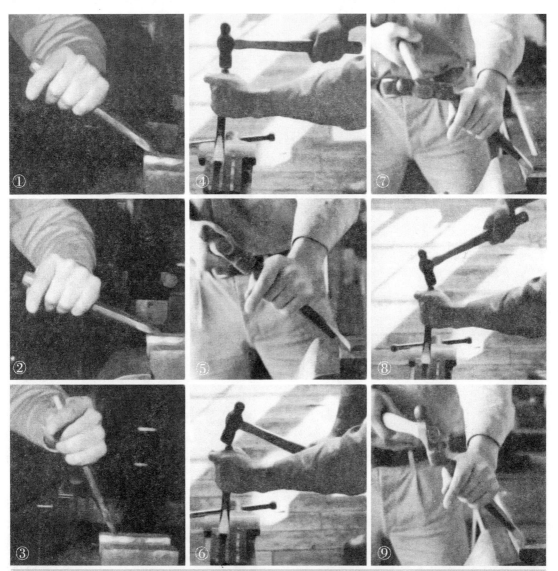

　　錾子抵住工件的角度随着切除的量和楔
角的不同要有变化，但要适度，图①所示那
样比较适当。图②所示的角度太小了，图③
所示的角度就太大了。在粗加工时角度稍微
大一些，精加工时用稍微小一些的角度。

　　打下的锤子在击中錾子的头部时，要使
锤子的中心线和錾子的中心线一致，无论从
前面看还是从侧面看，都要成为一条直线。
④、⑤是正确的例子，⑥、⑦、⑧、⑨都是
不适当的例子。

因为錾削作业多种多样，所以是个需要用身体来记住的作业。例如錾子的角度、在锤子击中錾子时锤子和錾子该如何把持等，必须记住的要点很多，当然最关键的是锤子落下时要正确地打在錾子的头部。如果你用身体记住了，在进行同样的錾削作业时就会使用和过去一样的动作来挥动锤子。

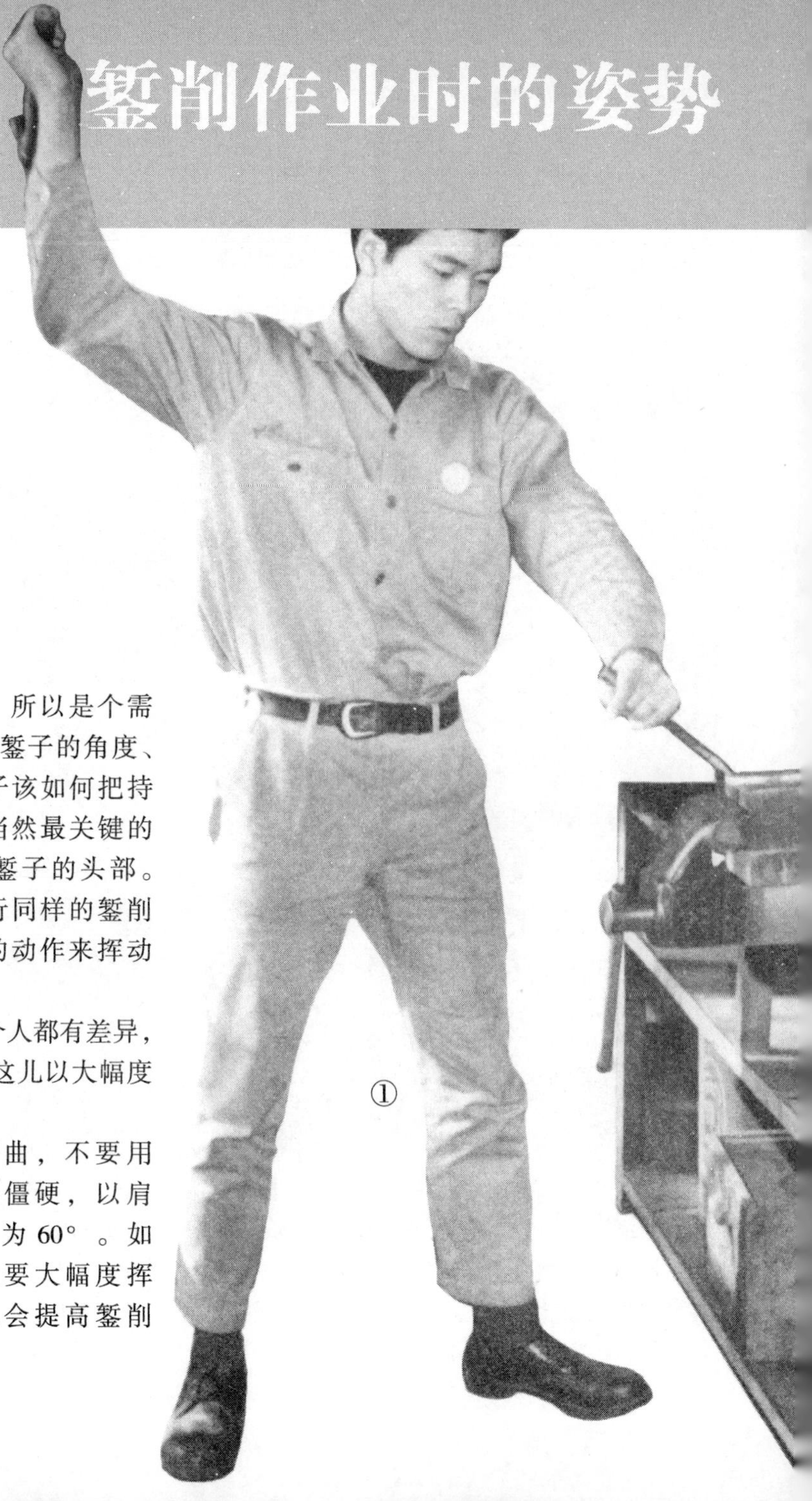

只就用身体记住而论，每个人都有差异，各地方的习惯做法也不一样，这儿以大幅度挥锤为例来说明。

① 锤子挥起时，手腕稍微弯曲，不要用力，右手的各个关节也不要僵硬，以肩关节为中心，扬起的角度约为 60°。如同用锤子来划圆那样，并且要大幅度挥动，这样既不容易疲劳，也会提高錾削作业的效率。

①

102

②

③

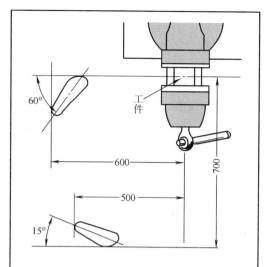

▲用身体来记住和体育运动是一回事，腰部一定要稳定，脚的用力也很重要。脚站的位置正确是成为熟练工的要点。站的位置不好，姿势也会变坏。脚的位置根据身高、台虎钳的高度、作业的种类等来调整，基本的位置如图所示。

右时，全部手指一下子使劲握紧再往下打。随着锤子的运动，身体要连续而圆滑地运动，并且以腰部为基点。

④ 这张图所示的膝盖弯得太厉害，这样，锤子的运动会不稳定。

这里列举的是大动作的例子，如果是中幅度、小幅度的时候，就把上述的动作幅度依次减小一些。

此外，在进行錾削作业时，为了安全要戴上防护眼镜。

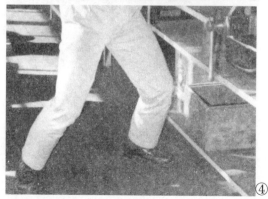

④

② 在打下的中途，就像棒球的投手扔球那样要使用手腕的力。

③ 然后，在锤子离錾子的头部还有 30cm 左

平面的錾削

根据平面宽度的不同，錾削作业的进展方法也不同。

如果是比錾子的切削刃宽度还要窄的小平面，没有特别要注意的地方。当比切削刃宽的时候，方法就有所变化。

要铲的平面比切削刃稍微宽一些的时候，錾子要按照如图所示的①→②→③→④→…那样交叉着前进。

平面再宽一些时，先用尖錾子铲，留下平錾子切削刃的宽度，再用平錾子铲。

在这个时候，如果工件是铸件，长度方向要留下 20mm 左右。留下的部分要改变方向从另一个方向来铲。这是因为对铸件如果也只从一个方向铲，有可能会产生缺口。

▲幅度比较宽的时候先用尖錾子铲

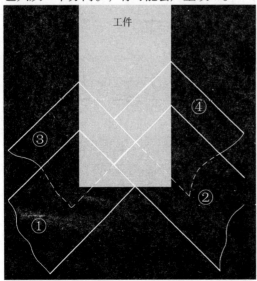

▲工件幅度比切削刃稍宽一些时的铲法

▲然后再用平錾子铲

▲铸件要留下 20mm 左右，再从反方向铲

沟槽的錾削

沟槽的种类也不少。用錾子加工的油槽，大部分是对旋转部分或者从动部分提供润滑油的。

铲油槽的錾子的切削刃下面为圆形，可以铲出半圆形的油槽。錾子的握法与平錾子或尖錾子相同。

如图所示为磨床平台内侧的油槽，它也是用油槽錾子加工而成。

▲磨床平台内侧带的油槽，用錾子加工而成

▲铲油槽时用的錾子，以及錾削方法

棒材的切断

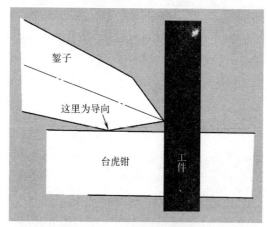

▲用切削刃部分的肩作为导向来切进

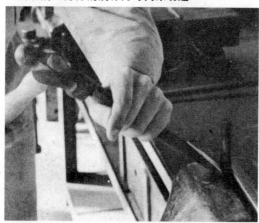

▲圆棒的切断

▲圆棒在切进 2 或 3 次后转一下

棒材的切断一般不用錾子，而是用锯子。在用錾子切断时，就使用平錾子。

在切断圆棒时，把圆棒夹在台虎钳上，然后进行切削，方法与铲削平面时一样。在同一个地方切进二或三刀以后，把圆棒稍微转一下。要反复进行直到切断为止。

这个时候的錾子和台虎钳构成的斜角如图所示，和切断板材时不同，切削刃要在台虎钳的虎口上稍浮起一些，让切削刃的肩部作导向来切进。

在切断方棒时，用同样的方法夹在台虎钳上，转动方棒，从四个方向或者两个方向一点点切进。还有一个方法是把方棒置于金属垫上，从四个方向一点点切进，直至切断。

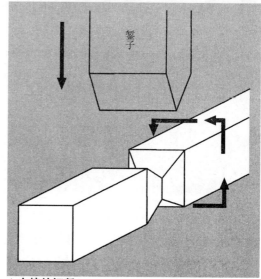

▲方棒的切断

板材的切断

▲使虎口的上面和切断面正好对准

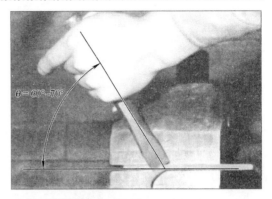

▲与工件的斜角为 60°~70°

用錾子切断板材时，先在板上划好切断线，让台虎钳的虎口正好对准这条线，然后夹紧。

此时锤子和錾子的握法和平面铲削时一样，

工件与平錾子之间的斜角（θ）取 60°~70°。

接着，以錾子切削刃下部的面为导向，让其在台虎钳的虎口上滑行，一点点切进。

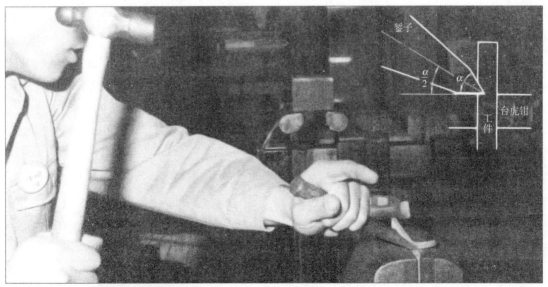

▲以錾子切削刃下部的面为导向来切进

铸件的錾削

　　铸件的材质比较脆，在进行錾削加工时一定要注意这一点。

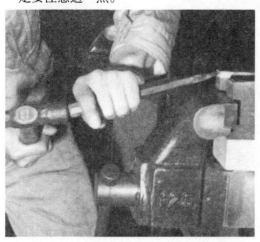

① 先把切削刃对准加工余量，将錾子的头部放低，即准备从下面往上铲削，然后轻轻地击锤。

② 铲削一或二刀以后，就与铲削普通的平面一样进行加工。

③ 当沿一个方向的铲削快完成时，到端面为止要留下 15~20mm 的长度。

④ 如果还是继续进行下去，就会像图中所示的那样出现缺口。这个缺口比铲削层大，于是工件成了次品。

⑤为了防止发生这样的事故，留下 15~20mm 的余量后，改变工件的方向，从相反方向开始进行铲削。

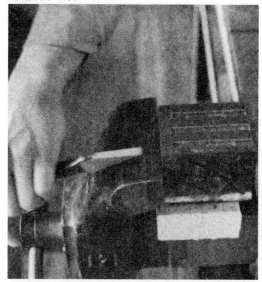

⑥以上的做法在铲削平面比较宽的铸件时也适用。

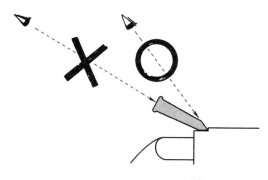

⑦ 在进行铲削时，眼睛应该看着錾子的切削刃。不习惯铲削作业的人，总是会去看着錾子的头部，在留心锤子是否能打到錾子的头部，这样做是很危险的。

切削刃是否位于工件的正确位置上，不看切削刃是很难知道的。錾子的切削刃在工件上的位置已经偏了，锤子还要打下去，就很容易受伤。

打下锤子时能正确地落在錾子的头部，这是用身体记住的事。如果你习惯了，哪怕闭着眼睛也不会打偏。

钣金

剪刀的种类

◀直刃

柳叶刃▶

剪金属板用的剪刀有两种。

切削刃部分是直的称为直刃，用于笔直地切割板材。

切削刃部分是弯的称为柳叶刃。柳叶刃的弯曲程度有大的（缓），还有小的（急），用于把板材剪切成曲线形状。

在柳叶刃剪刀中，切削刃部分弯曲较小的，用来剪切曲线的内侧，一般来说其切削刃的长度也比较短。

除此之外，就是剪刀大小的区别了。

握剪刀时要像图中所示那样，用大拇指握住上侧（左边的切削刃）的剪刀柄。用食指从下侧（右边的切削刃）剪刀柄的外侧来控制上下两个剪刀刃的开合。其余三个手指用来控制下侧的剪刀柄。重要的是大拇指和食指的动作。

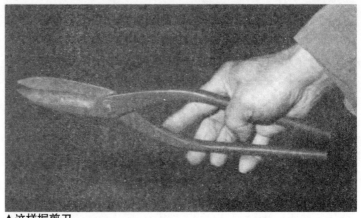

▲这样握剪刀

调整剪刀铆钉的松紧时以不觉得松动为准。

三个手指放松下来时，剪刀柄由于自身的重量会往下运动，剪刀也就自然张开。

以直线剪断板

让剪刀在直线方向上前进，就能剪成直线。但是剪好的板的两侧会妨碍剪刀柄的肩部，所以要用左手把剪下的左侧的板抬起。这样，右侧的板会进入剪刀柄的下面，就可以继续往前剪了。

① 大的板（钢板的规格尺寸为 910mm × 1820mm）放在地上剪。这时候也是用左手把剪下的左侧的板抬起。

② 比较小的板可以放在作业台上剪切。这时候同样要把左侧的板抬起。

③ 当要剪去的长度比较短，或者剪刀右侧部分比较小的时候，用手拿着板材剪切，小的部分就会在剪刀刃的下面卷曲。

④ 剪厚板的时候，如果使用柳叶刃剪刀，剪刀柄会向右面歪斜，剪好的部分很容易进入剪刀柄的下部。剪切的时候，柳叶刃剪刀也是只剪一个点，只要转动剪刀刃同样可以剪成直线。注意把弯曲的一方朝向右面。

⑤ 剪切大的厚板时需要很大的力。此时可以把一侧的剪刀柄夹在台虎钳上，通过移动板材来剪切。

以曲线剪断板

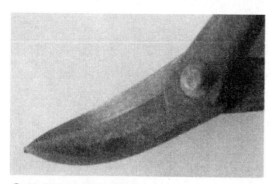

① 剪曲线时要使用柳叶刃剪刀。如果使用直刃剪刀剪曲线，成为曲线内侧的板（如图所示为左侧）会碰到要转向的剪刀的侧面，剪刀就无法再转动了。

② 在剪曲线时，要把柳叶刃剪刀的弯曲刃对着曲线的外侧。因为切削刃是弯的，可以和曲线吻合得很好，所以想把切削刃的弯曲方向和曲线的方向取为一致，这样想就错了。

即使切削刃是弯的，剪的时候也只能剪一个点，控制剪刀柄，使上下切削刃接触的点转动，就可以剪成曲线。根据你的移动方法，如果使上下切削刃的接触点沿直线方向前进，就像 111 页上所讲那样可以剪成直线。

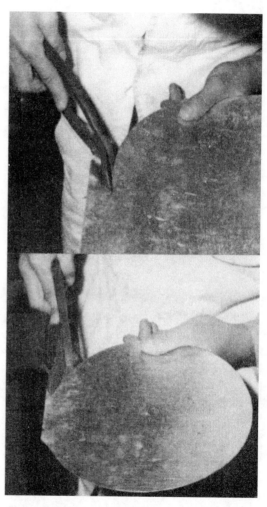

③ 在剪曲线时，可能会偏离要剪的线，因此在稍微偏外侧的地方先剪一个大致的圆。这样，在沿着划好的线剪切时，切除的部分很小，会自然地在切削刃的下面卷曲，因此容易剪得正确。

112

在板的内侧剪曲线

在板的内侧（即在中间）要剪掉一个圆时，使用柳叶刃剪刀中切削刃短、有小的弯曲的那一种。

首先用钻头等开一个能让剪刀头部进入的洞。从那里开始剪内侧。这个时候切削刃的弯曲方向和要剪切曲线的弯曲方向一致，只不过剪刀的弯曲小（即曲率大）。

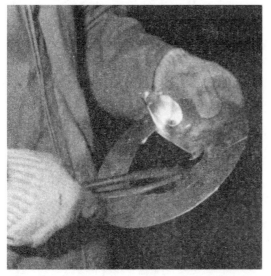

① 先在要剪的线的内侧剪一个大致的圆。

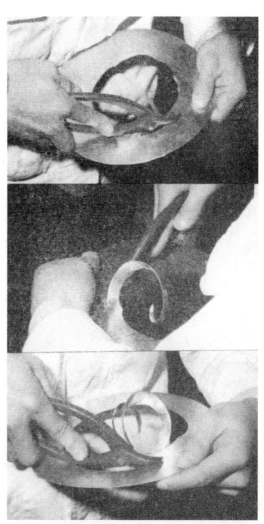

② 然后沿着正确的尺寸剪。这个作业是在很小的空间内边转动剪刀边前进，比较困难。请看图中所示在内侧剪下后自然一圈圈卷起的废材。

把板弯成直角

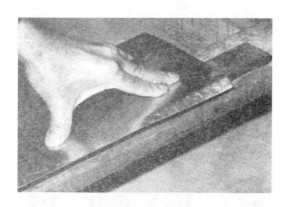

① 先在要弯曲位置的两端划线。除了两端，别的地方最好不要划线。如果都划了，可能会造成板开裂。

　　把两端的线和靠台（弯曲台、折台）的角对准。

　　对好弯曲的位置后，左手紧紧地压住板，用大小合适的木块拍打一端使其弯曲，做成一定的弯角。

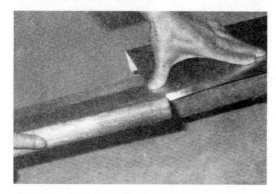

② 对另一端也用同样的方法处理。当板比较宽时，在中央附近再拍出一个角。

③ 接着是从近处向着对面，一点点拍打过去，使两端的角和靠台完全吻合。木块要像从上往下滑动那样来拍打，使全长都弯曲。然后再沿反方向往回拍打侧面，直至都成为直角。

　　最后的模样，是全体的角度都应成直角，并且互成直角的两个平面都很平整。如果敲打数过多会使板延伸开，反而变得高低不平，一定要避免这种情况的发生。

把板弯成锐角 (卷边连接)

连接板时有一种叫做卷边连接的方法。

为了连接，把板的边缘朝相反方向弯曲，即弯曲180°。当不用于连接，但要把板弯成比直角还小的角度时，也是根据下面讲的要领。

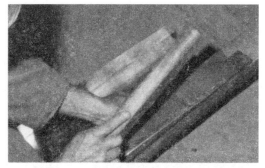

③ 最后，板要紧靠着金属块再进行敲打，直到全长都和金属块相一致。

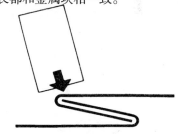

④ 如果只是弯曲，到这里就已完成。一般来说钣金作业不会这么简单。

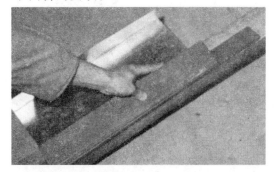

① 按照在114页所述的方法，先把板弯成直角。然后在直角的内侧放上称为"切削刃"的金属块。这个金属块形似切削刃，一边是锐角。

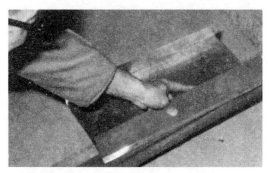

② 接着和弯直角时一样先敲打两端。

钣金作业一般是为了使边缘部结实，把金属块拿走，从上面敲打使边缘部成为双层；或者是为了连接两块板，在反方向放置另外一块同样弯曲的板，让它们互相嵌入并咬合。

在接缝的过程中，不能从垂直的上方来敲打要连结的两块板。从上面敲是正确的，目的是要使上面板的弯曲边缘的前端，嵌入下面板的弯曲部分的内侧，所以要从上面板角的外侧进行敲打，即从斜上方敲打，一下子使它们折叠起来。卷边连接不仅用于结合两块板，在116页上所讲的制作圆筒时也同样使用。

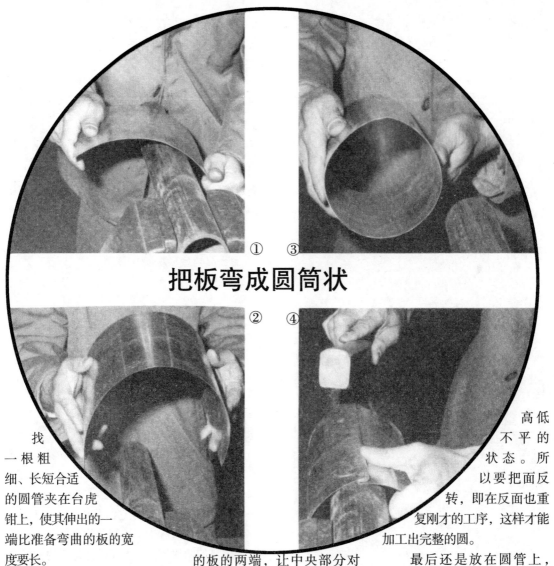

把板弯成圆筒状

① ③

② ④

找一根粗细、长短合适的圆管夹在台虎钳上，使其伸出的一端比准备弯曲的板的宽度要长。

把将要弯曲的板的一端放在圆管上，用木块敲打准备做成圆周的约 1/4 的长度，然后同样敲打另一端使其弯曲。接着双手拿着已经弯曲的板的两端，让中央部分对着管子轻轻地压，使它弯曲成一定的曲面（其直径为预定圆筒直径的两倍）。

如果接着就做成圆筒，在圆周方向会出现不连续的高低不平的状态。所以要把面反转，即在反面也重复刚才的工序，这样才能加工出完整的圆。

最后还是放在圆管上，通过用眼看、用手感觉圆筒的外周面，必要时再用木块敲打使其成为真正的圆。接口部分用对焊，或是进行卷边连接。

台式钻床的使用方法

如图所示的机器称为"台式钻床（摇臂钻床）"。当然，有时候不一定特意指明"台式"。所有稍具规模的工厂至少都要准备一台。

这也是机床的一种。不过，一般的机床都属于"动力线"，即它们的动力源是 3 相 200V 的交流电源，而这个台式钻床是使用和家庭用电源一样的单相 100V 交流电源作为动力。还有，这个台式钻床是作为钳工使用的"机器"来归类的。（译者注：这里讲的是日本的情况，在中国，家庭用电源是单相 220V 的交流电源。）

根据钻头的长短、工件的高度、孔的深度等，来调整台式钻床工作台的高度。先把夹头拧松，摇动手柄以上下调节工作台。

此外，以立柱为中心，工作台也可以在水平方向旋回，以便选择在这个平面上的最佳工位。工作台的高度和水平方向的位置决定以后，把夹头的手柄压紧。

圆盘形工作台也由立柱支撑，并可绕中心回转，其夹头的手柄在工作台的下面。

最后也应进行决定主轴进给量的限位器的调节。

▲台式钻床

◀ 松开夹头

◀ 决定工作台的上下位置

◀ 水平方向回转决定加工位置

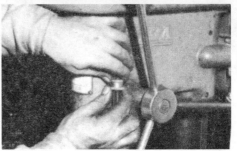

◀ 调节限位器

钻头夹持器的使用方法

如果使用不当，钻头夹持器的寿命和精度会受到很大影响。钻头夹持器和钻头之间不能有垃圾或切屑进去，要旋紧夹持器的手柄。

要是切屑等东西进入钻头夹持器和钻头之间，钻头夹持器会夹不紧，位置也不正确，这样的状态下进行钻孔，钻头会在夹持器内空转，使钻头的柄部受损。钻头有了损伤，又反过来使夹持器的内部受损。

如果成了这样的状态，可以说是夹持器的夹紧有问题。然而，在夹持器的手柄上装上不必要的东西，或是使用錾子、锤子等来打开、锁紧夹持器，也会产生不良后果。这种状态下不可能加工出有精度要求的准确的孔。

如果常常是因为找不到夹持器的手柄而使用别的工具，用线绳或者链条把它吊在边上就可以防止丢失。

◀ 把钻头放入

◀ 旋紧夹持器手柄

◀ 钻头柄上布满了伤痕

◀ 竟然用錾子来锁紧！

钻头的切削刃应研磨成如图所示的
形状。直径大的钻头要进行横刃修磨。

钻头的切削刃形状、研磨方法

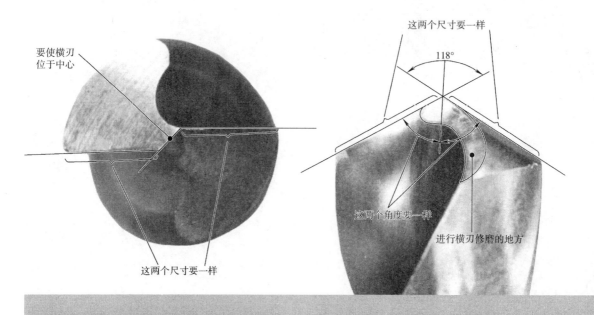

要使横刃
位于中心

这两个尺寸要一样

118°

这两个尺寸要一样

这两个角度要一样

进行横刃修磨的地方

▲如果钻头切削刃两面的角度不一样，有一边（角度小的）的切削刃不再切削，切屑就只有一条。

▲还有，如果钻头切削刃的长度不一样，切屑就会一大一小。

因为前端中央的横刃阻力大，把这个部分磨掉一些后，主轴的进给就会变得轻快。

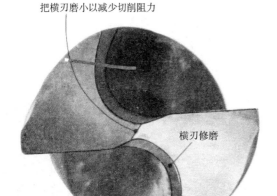

把横刃磨小以减少切削阻力

横刃修磨

▲精加工时使用的钻头，大部分为直径在 13mm 以下的直柄钻。因为钻头细，钻头直径的数字较难分辨，而且又需要有各种尺寸的钻头（用于螺纹预制孔的加工）。如图所示，以 0.1mm 为单位来排列，让任何人一看就能知道，这就方便多了。

▲把两边的角度和长度磨得一样，两个槽中排出的切屑的样子就会相同。这个时候，孔才开始变圆，尺寸才变得正确。

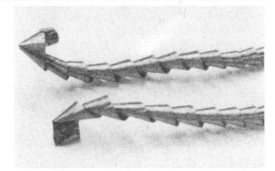

▲如果形成这么漂亮的切屑，所加工孔的尺寸一定正确。

工件的固定方法

用台式钻床钻的孔一般都不大，所以不像在别的机床上那样对工件使用完全固定的方法。

① 当孔径小的时候，一般的工件只需用手按住即可。特别是工件大到占满了工作台时大致都这样做。

② 细长的工件也是用手把持住即可。不过，要把持住离钻头远的地方。根据杠杆原理，当切削阻力不变时，只要用比较小的力就够了。

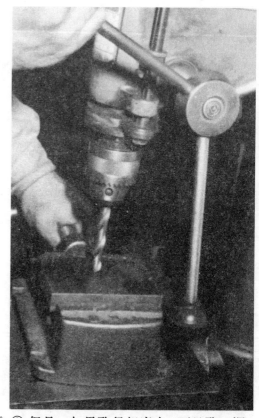

③ 但是，如果孔径相当大，而且孔又深，然而工件的尺寸不是很大的时候，就把工件夹在台虎钳里，这样比较安全。使用台虎钳时一般是把住手柄。

④ 在工作台上开有细长形的孔。因此可以在离主轴中心（开孔的位置）尽量远的地方插入螺栓等物，让其挡住工件，使工件不至于因为切削阻力而转动。

⑤ 如果工件太大而伸出工作台外，可以先用C形夹把它和工作台固定，然后移动或转动工作台，使钻头对准工件上要开孔的位置。这时，尽量把要开孔的位置定在工作台的中心附近。

　　在很多件同样的工件上要开同样的孔时，把工作台、台虎钳都固定好，在台虎钳上也装上限位器，以始终保持一定的位置。

起钻和纠偏

① 用台式钻床开孔时，大致是沿着划好的十字线，或者是对准在其交点上打的印来进行。划得仔细的线还包括孔径的圆，甚至包括作为参考的孔的内侧和外侧的线。

首先把钻头降下，使钻头的中心相对于这个十字线、印、参考圆不偏不移。

钻头的前端从某个方向来看就如 120 页上的图所示那样是尖的，稍微换个角度，就到了与横刃成直角的方向，那儿有一定的幅度。你要把高速转动中的钻头的转动中心通过目测和你的目标位置对准。这需要一个习惯的过程。

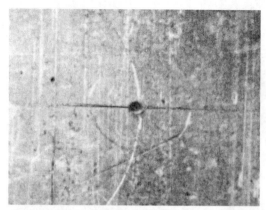

② 如图所示，如果钻头偏离了中心，要在孔还不深的时候进行修正。

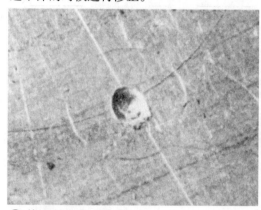

③ 修正的方法有多种。

对于钻头的锥形坑，朝着偏离方向的相反方向，用錾子、样冲等打坑，可以使钻头向这个方向纠正。

或者，如果工件比较小，也可以使工件保持倾斜，用钻头来修正。

不管用何种方法修正，总是有一个使钻头弯曲的力在作用，在后来的加工时必须十分小心。如图所示是修正后的钻孔。

开孔、碟形沉孔

台式钻床上使用的钻头都是小直径的。相对于直径，小径钻头的长度比例比较大，所以如果前端切削刃的形状有问题，开的孔立即会弯曲。

工件为钢材的时候，把切削液涂在钻头上让其流入孔中。工件为铸铁的时候切屑很容易滞留在孔里，要注意排屑。

① 进给是用手控制的，要注意使切屑连续，始终以同样的状态排出。因此用于控制主轴进给的手柄的位置要便于操作。如图所示，从近侧的上方开始，到下方稍偏对面一些为止，即把工作台的高度预先调节到手柄能在这个范围内操作就比较合适。

打通孔的时候，在钻头快要贯通时阻力突然变小，有时候钻头会被卡住。事先确认孔要贯通时手柄所在的位置，接近此位置时减小进给速度和所加的力。

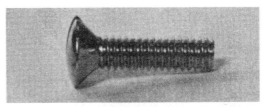

② 开了孔以后，有时要做放置沉头小螺钉的碟形坑。碟形角度为 90°。

③ 使用刀尖角度为 90°的钻头来加工碟形坑。这时钻头前端的横刃不接触工件，故阻力较小。然而正因如此，进给量很可能变大，容易发生振纹。再者，如果切削刃的角度不一致，只有一条切削刃在切削时也会发生振纹，钻头的摆动就会变大，或者钻头变歪。

④ 有振纹、变歪时的碟形坑部分（左），孔会变大，而且从上面可以清楚地看到，不仅性能不好，外观也较差。图上右边所示是标准的碟形坑。

攻螺纹

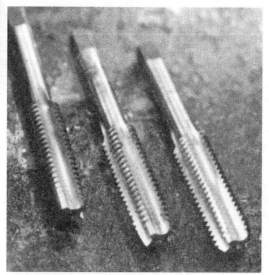

▲从左开始依次为"头锥"、"二锥"、"三锥"

　　在已经开好的预制孔上攻螺纹（即用丝锥攻螺纹）的首要条件是丝锥相对于开好预制孔的平面，要垂直地竖起。

　　丝锥（这儿讲的是手工用丝锥）是三枚为一套。从丝锥的切入部分（前端的锥形部分）最长的开始，依次称为"头锥"、"二锥"、"三锥"。

　　丝锥虽然是三枚为一套，一般先使用头锥，因为它的完全螺纹部分相当长，如果是加工通孔，用头锥攻完后，没有必要再使用另外两枚。加工盲孔时需要把螺纹切到孔底，就有必要使用三锥了，因其切入部分的不完全螺纹部分最短。实际上二锥几乎不怎么用。

　　在丝锥上装好丝锥柄（反之，在丝锥柄上嵌入丝锥），从丝锥柄中央部分的上部来把

持。把切入部分放入预制孔，然后转 2 或 3 次。切入部分带有不完全螺纹，这些螺纹部分就进入了工件。

　　接着使用角尺等工具来检查丝锥相对于平面的垂直度。把角尺的角放入丝锥的槽中，检查上面柄部的垂直度。只检查一个地方不够，因为它有可能在横向倾斜，所以再转过 90°，从侧面检查。互为直角的两个方向都对平面垂直即可。

　　如果丝锥倾斜了，不要勉强扳正，保持原状一边转动丝锥，一边向修正方向用力，

▶先把丝锥转 2 或 3 次

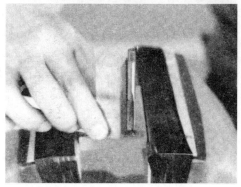

▶用角尺检查垂直度

渐渐将其改正。如果非要用力修正，有可能会折断丝锥。等倾斜修正过来后，再检查一遍垂直度。

确认了丝锥的垂直度以后，就转动丝锥。由于丝锥的切削刃为螺纹形状，只要转动丝锥就可以自然地加工出螺纹。但是，攻螺纹后排出的切屑在狭小孔中的更为狭小的丝锥槽里，无处可去。如果连续地转动丝锥，切屑连得很长会塞住丝锥槽，这种情况持续下去，经受不住阻力的丝锥就会突然断裂。

为防止这个现象发生，在丝锥转了一圈后，可返回半圈，如此重复。返回时切屑被切短，就不会妨碍丝锥的切削。

如果拿着丝锥柄的手用力不均，丝锥会倾斜，最后也有可能引起丝锥折断。

预先确认孔的深度，并且注意手的感觉，丝锥到达盲孔的底部时应小心。

拔出丝锥时，左手轻轻地把住丝锥的柄部，反转手柄。

拔出丝锥后，如果是比较小的零件，让螺纹孔朝下用洗涤剂（油）进行清洗，然后用塑料或是木槌子轻轻地敲打，让里面的切屑排出。如果有压缩空气的管道，用气吹也是个选择。

▶将角尺转过90°后再检查垂直度

▶拔出时把持住丝锥的柄部

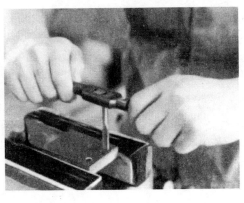

▶确认垂直度后继续加工

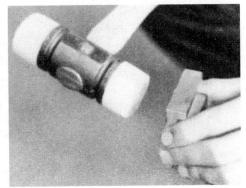

▶用塑料锤子敲出切屑

丝锥折断后

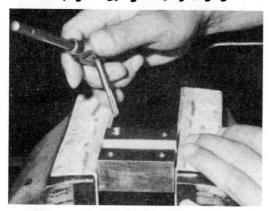

▲啊！断啦

　　丝锥折断总让人困惑。但不把折断的丝锥取出，这个工件就报废了。

　　如果折断的部分还露在工件外就比较容易处理，用扳手或是尖嘴钳牢牢夹住伸出的部分朝相反方向转动就可以取出，或者用丝锥柄套住那部分反转也可。

　　如果折断的部分没有伸出工件，处理起来就相对比较困难。丝锥折断一般是因为它被工件卡住了，因此要解决问题首先要使丝锥松动。

　　最普通的处理方法就是用样冲等把折断部分朝相反方向轻轻地敲击，以使它反转。无论如何，只要它能松动，尽管接下来的工作多少有些差别，总可以想办法取出。

　　如果有时候想尽办法也不能取出，则可以用细的样冲、錾子等把折断部分敲碎。然而综合考虑各方面的因素，能这样处理的时候相当少。

　　如果有焊接设备，可以把别的棒材和折断部分焊接在一起，然后反转取出。或者在有气焊设备时，用气焊使剩下的部分软化，然后使用细的钻头把它钻碎。选择这两个处理方法时必须同时考虑热对工件的影响。

　　或者索性加大螺纹孔，即用更大的钻头在开孔后制作新的螺纹。能使用这种方法的情况也非常少。

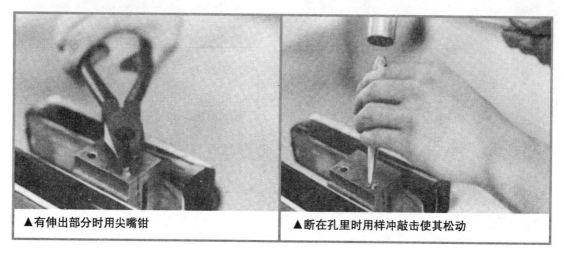

▲有伸出部分时用尖嘴钳　　　　▲断在孔里时用样冲敲击使其松动

圆板牙的使用方法

▲这是可调式圆板牙

　　圆板牙是用于铰螺纹的工具。

　　圆板牙也有带锥形的部分，如有可能把工件的前端也加工成锥形，这样容易加工。

　　工作条件不同处理的方法也不同，如果是把工件夹在台虎钳上来铰螺纹，要让工件处于垂直于台虎钳虎口的竖直位置。

　　握住装好手柄的圆板牙的中央部分，和用丝锥时一样一边压一边用手腕转动。转过 2 或 3 次，圆板牙已确实切入了工件时，就检查轴线相对于圆板牙（手柄）的垂直度。如果有偏差，可以进行修正，修正的方法和用丝锥时一样。

　　圆板牙切割的进行方式也和用丝锥时一样，即前进，再反转，然后重复进行。

　　圆板牙有单体式和可调式，一般使用可调式。可调式的圆板牙如图所示有开口，用调整螺钉来调节开口的大小，即螺纹的直径在一定的小范围内可以调整。

　　等螺纹铰到一定程度时，先把圆板牙取下，用螺纹规或是配合的螺母来检查螺纹的直径，然后按情况再调整圆板牙。

　　把圆板牙装在手柄上时，要让手柄的锁紧螺钉进入圆板牙的转动防止孔里。圆板牙上刻有公称号码和记号的那侧是正面，即切入部分较大的一面。

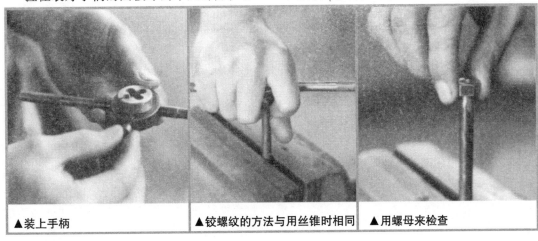

▲装上手柄　　▲铰螺纹的方法与用丝锥时相同　　▲用螺母来检查

通铰刀

▲手用铰刀

　　铰刀用于对已开好的孔进行再加工，使它的内面精度提高，并使尺寸更为准确。车床、立铣床、钻床等机床上也使用铰刀，而这里介绍的是使用人力的手用铰刀。

　　手用铰刀的刀杆部分呈笔直状，后端和丝锥相同都为四角形。在这个四角形部分装上和丝锥相同的手柄，加工时用双手一边转动手柄，一边向下加力前进。手柄和丝锥的相同，有开好的孔这一点也和丝锥相同，然而转动铰刀时，它不会像丝锥那样自己前进，必须加上进给的力。

　　铰刀上仅其前端如倒过角的部分（即切削部分）进行切削。其余部分只是起到抛光

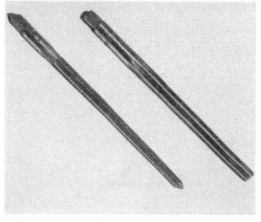

▲锥形销铰刀

（压碎）的作用。

　　用铰刀加工时预制孔很重要，主要要素是预制孔留给铰刀的加工余量的大小和孔本身的椭圆度。如果加工余量太大，就需要大的切削力，铰刀切削刃的磨损也快，切屑变多会堵塞沟槽，加工完成的面精度就会下降。而加工余量太小时，切削刃只是一掠而过，有可能预制孔的面没有变化，通铰刀就毫无意义了。

　　要加工成正确的预制孔，在用钻头加工孔的时候就要分为两个步骤。第一步首先加工一个 1mm 左右的小孔，第二步则只留下铰刀用的加工余量。这第二步的钻削会把第一步中孔的抖动等进行修正，并使铰刀加工时的加工余量分布均匀。

　　然后，就进入主要的铰刀加工阶段。

　　铰刀一定要和预制孔同心。因此在把工件夹在台虎钳上时，一定要使预制孔垂直。然后，让铰刀前端的锥形部分（切削部分）插入预制孔，两手均匀用力，一边转动，一边向下加力。铰刀的垂直度也应使用角尺等来校正。

　　铰刀加工与用丝锥和圆板牙加工的不同点，是铰刀绝对不能反转，即要一直朝着切削方向转动。一旦反转，切屑会进入铰刀的切削刃和后面之间，加工完成的面会被磨出

伤痕。所以，即使是铰盲孔时要把铰刀拔出，也应朝着同一方向一边回转一边退出。还必须使用足够的切削液。

通好铰刀后，一般是打入销子。用锥形销铰刀加工后应使用锥形销。此时，注意不要留下切屑。一般通铰刀的孔又小又深，切屑不易排出。用弯曲的金属丝夹上废棉纱头来仔细打扫。

▶切削液要充足

▲在如此窄的地方把手柄拔下又装上，重复进行此动作

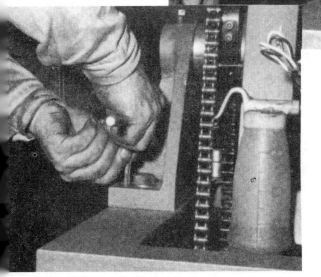

▲拔出时用一只手支持住铰刀

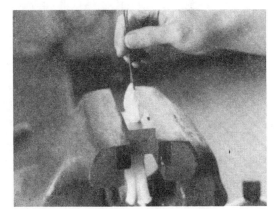

▲用金属丝和废棉纱头打扫孔内的切屑

预制孔径（米制标准螺纹）

（单位：mm）

螺 钉				预 制 孔 径									参 考			
螺纹公称尺寸	外径	螺距	标准啮合高度	螺纹啮合率（%）									螺母内径			
													最小尺寸	最大尺寸		
	d	P	H_1	100	95	90	85	80	75	70	65	60		1 级	2 级	3 级
M1	1.000	0.25	0.135	0.73	0.74	0.76	0.77	0.78	0.80	0.81	0.82	0.84	0.701	0.776	0.776	—
M1.2	1.200	0.25	0.135	0.93	0.94	0.96	0.97	0.98	1.00	1.01	1.02	1.04	0.901	0.976	0.976	—
M1.4	1.400	0.30	0.162	1.08	1.09	1.11	1.12	1.14	1.16	1.17	1.19	1.21	1.040	1.120	1.120	—
M1.7	1.700	0.35	0.189	1.32	1.34	1.36	1.38	1.40	1.42	1.43	1.45	1.47	1.286	1.376	1.376	—
M2	2.000	0.40	0.217	1.57	1.59	1.61	1.63	1.65	1.67	1.70	1.72	1.74	1.525	1.630	1.630	1.630
M2.3	2.300	0.40	0.217	1.87	1.89	1.91	1.93	1.95	1.97	2.00	2.02	2.04	1.825	1.930	1.930	1.930
M2.6	2.600	0.45	0.244	2.11	2.14	2.16	2.19	2.21	2.22	2.26	2.28	2.31	2.066	2.186	2.186	2.186
*M3×0.6	3.000	0.60	0.325	2.35	2.38	2.42	2.45	2.48	2.51	2.55	2.58	2.61	2.280	2.420	2.440	2.440
M3×0.5	3.000	0.50	0.271	2.46	2.49	2.51	2.54	2.57	2.59	2.62	2.65	2.68	2.459	2.571	2.599	2.639
M3.5	3.500	0.60	0.325	2.85	2.88	2.92	2.95	2.98	3.01	3.05	3.08	3.11	2.850	2.975	3.010	3.050
M4×0.7	4.000	0.70	0.379	*	3.28	3.32	3.36	3.39	3.43	3.47	3.51	3.55	3.242	3.382	3.422	3.466
M4.5	4.500	0.75	0.406	3.69	3.73	3.77	3.81	3.85	3.89	3.93	3.97	4.01	3.688	3.838	3.878	3.924
M5×0.8	5.000	0.80	0.433	*	4.18	4.22	4.26	4.31	4.35	4.39	4.44	4.48	4.134	4.294	4.334	4.384
M6	6.000	1.00	0.541	4.92	4.97	5.03	5.08	5.13	5.19	5.24	5.30	5.35	4.917	5.107	5.153	5.217
M7	7.000	1.00	0.541	5.92	5.97	6.03	6.08	6.13	6.19	6.24	6.30	6.35	5.917	6.107	6.153	6.217
M8	8.000	1.25	0.677	6.65	6.71	6.78	6.85	6.92	6.99	7.05	7.12	7.19	6.647	6.859	6.912	6.982
M9	9.000	1.25	0.677	7.65	7.71	7.78	7.85	7.92	7.99	8.05	8.12	8.15	7.647	7.859	7.912	7.982
M10	10.000	1.50	0.812	8.38	8.46	8.54	8.62	8.70	8.78	8.86	8.94	9.03	8.376	8.612	8.676	8.751
M11	11.000	1.50	0.812	9.38	9.46	9.54	9.62	9.70	9.78	9.86	9.94	10.03	9.376	9.612	9.676	9.751
M12	12.000	1.75	0.947	*	10.2	10.3	10.4	10.5	10.6	10.7	10.8	10.9	10.106	10.371	10.441	10.531

注：（1）$H_1=0.541266P$；（2）预制孔径=$d-2\times H_1$（螺纹啮合率/100）。

用式（2）算出的数值，螺距为 1.5mm 以下的取小数点后面两位数字，在 1.5mm 以上的取小数点后面一位数字(四舍五入后)，因其比内螺纹的最小尺寸小，所以消除。

在直线、虚线、点划线左面的黑体字的数字，是表示它们各自在 JIS B 0209—2001 的 1 级、2 级、3 级内螺纹内径的容许极限尺寸范围内。

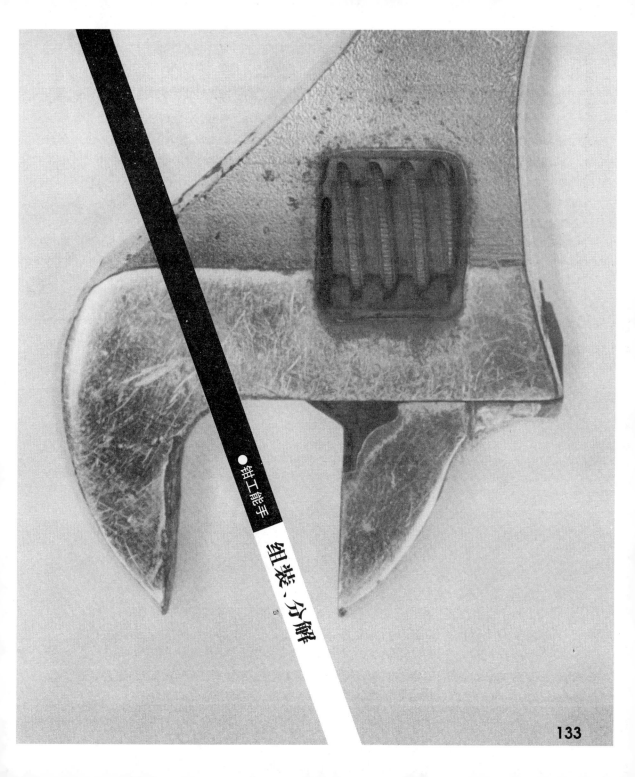

●钳工能手

组装、分解

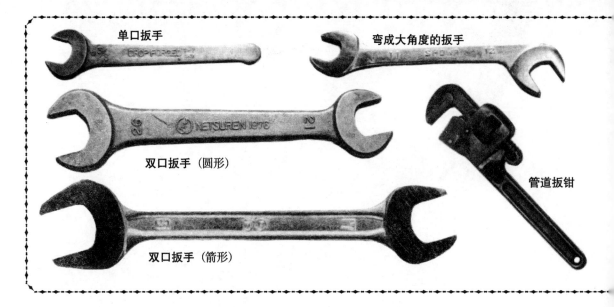

単口扳手

弯成大角度的扳手

双口扳手（圆形）

管道扳钳

双口扳手（箭形）

扳手和扳钳

　　用来转动螺钉、螺母将其拧紧、拧松的工具称为"扳手（spanner）"或者是"扳钳（wrench）"。

　　扳手和扳钳没有严格的区别，在英国称作扳手，美国称作扳钳，从两个国家传入日本。"wrench"作为动词还有"扭动"的意思，于是产生了能够进行这个动作的工具的名称。

　　在日本工业标准中，除了扳手，还有双头扳钳，套筒扳钳，活络扳钳，管道扳钳，还是"扳钳"类为多。不过头部为套筒（洞、座，socket）的，在英国也叫做扳钳。

　　活络扳钳也许因为头部形状像猴子，也被称为猴头扳钳。正确的名称在英国为adjustable spanner，在美国为adjustable wrench，adjustable的意思是"可以调节的"，

即，活络扳钳是开口大小可以调节的扳钳。

　　扳手有单口的和双口的。此外，根据头部的形状有"圆形"和"箭形"之分。圆形中有"普通级"和"强力级"的区分，具体根据所能承受弯矩的大小而定。箭形扳手的强度在圆形扳手的普通级和强力级之间。

▲拧紧（拧松）公称直径为 17mm 的螺钉（米制螺纹）所用的扳手

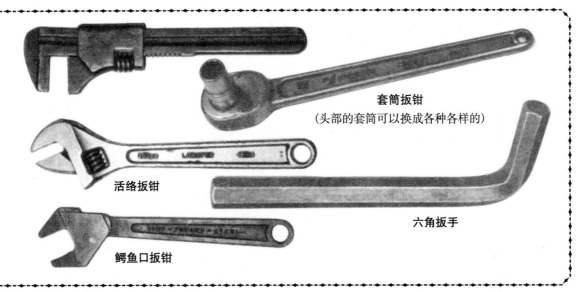

套筒扳钳
（头部的套筒可以换成各种各样的）

活络扳钳

六角扳手

鳄鱼口扳钳

扳手的称呼根据头部开口幅度的尺寸来定，例如双口扳手的称呼为"12×14"。

这样的称呼方式会产生各种问题。因为如果使用方法正确，扳手不会很快报损，所以留下很多旧的扳手，而旧扳手的称呼方式与现在的不同。

旧扳手是用螺钉、螺母的螺纹称呼来表示的。根据螺钉、螺母的螺纹称呼，所对应的六角头的两面（对边）幅宽是一定的，在日本的工厂里被称为"M17的扳手"、"3分的扳手"，是指拧紧（拧松）公称直径为17mm的螺钉（米制螺纹）以及公称直径为3/8in的螺钉（英制惠氏螺纹）所用的扳手。这样的旧扳手仍然留着，老工人们也这样称呼，在车间里自然就成了通用的说法。如果在这些地方混有新的扳手，使用的人不得不在头脑里进行换算，把它们翻译来翻译去。有些扳手将螺纹称呼和边宽都表示出来。

▲拧紧（拧松）公称直径为3/8in的螺钉（英制惠氏螺纹）所用的扳手

▲前面的表示对边宽为26mm，后面的表示对边宽为5/8in

扳手的使用方法 （一）

扳手张开的口是要让螺钉、螺母的头部正好夹在里面。如果有缝隙，用力的时候扳手就有可能错位。还有，加力的时候要与螺钉、螺母成直角方向。要是扳手倾斜，不仅很容易滑脱，而且还会损坏螺钉、螺母上的角。

在用扳手拧紧时，握住扳手的最下端是普通的常识。根据杠杆原理可以知道，用同

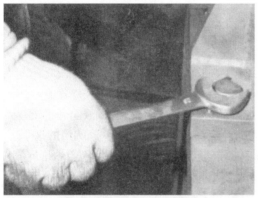

▲卡进扳手虎口的最里端，握住手柄的端部

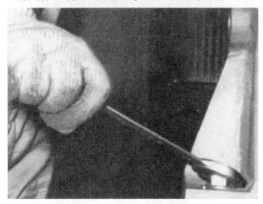

▲如果倾斜成这样，扳手钳住的部分太少

样的力，离回转中心越远，作用的力就越大。

为了拧得更紧，常有人在扳手上再连接另一个扳手。这样做危险性很大，因为扳手很容易脱落，最好还是不要这样做。

也有把管子套在扳手上使其变长的方法。不过要注意用力时不能超过螺钉、螺母的强度极限和扳手的强度极限，否则扳手的虎口会折断。当然，不把扳手的柄尽可能地套进管子内，也有脱落的危险。

绝对不要使用别的扳手或是锤子去敲打扳手。因为螺钉、螺母不能靠冲击力拧紧，这么干只能使扳手折断。不过有一种大型的用于拧紧螺钉、螺母的扳手，可制成能经受住敲打力的。

还有，应使用和螺钉、螺母头的对边宽尺寸相同的扳手。如果勉强使用开口较大的扳手，加在螺钉、螺母六角形角上的力的方

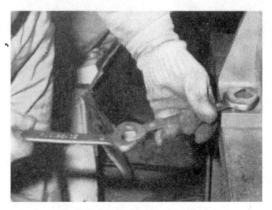

▲不要把扳手像这样接起来用

向就变了，会把它们的角磨去，扳手也有脱落的危险。如果确实没有尺寸一样的扳手，那就在扳手的虎口和螺钉、螺母之间夹上板类等物品。

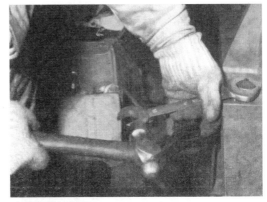

▲不能敲打扳手

▲把管子套在扳手上使用时要防止脱落

▲这个是使用锤子敲打时所用的扳手

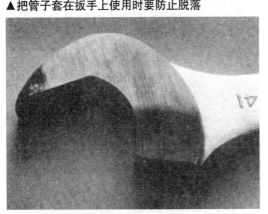

▲如果使用超过扳手强度极限的力……

▲如果扳手的虎口太大则可夹进短小的板

扳手的使用方法 （二）

活络扳钳是虎口的开口大小可以在一定范围内调节的一种扳手。

有了这个功能是很方便，但要注意它和一般扳手的区别。一般的扳手，头部的角度（一般为15°）无论在哪个方向上强度都相同，而活络扳钳活动的一方（下颚）强度较弱。

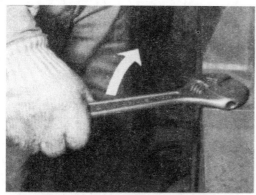

▲这是正确的，虎口的下颚要对着本体推进

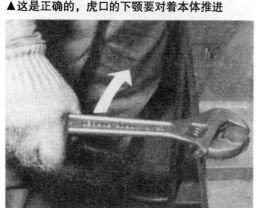

▲如果这样做，下颚就会受到本体的拉力

所以在使用活络扳钳的时候，让下颚对着本体推进来加力。如果朝反方向转，下颚就受到本体的拉力。勉强这样做，下颚的导向部分、蜗杆、齿条等就会变形，下颚就会变得很松动。

活络扳钳的下颚部变得松动后，即使开口是正确的，一旦用力口就会张开，开口的两面变得不平行，也就无法使用了。

套筒扳钳加力部分的位置比螺钉、螺母的要高，如果不注意扳钳就会滑脱。所以加力时要用一只手压在套筒的上部以防止脱落。

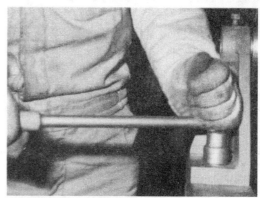

▲力是作用在套筒的上部，所以要从上往下压

六角扳手用于拧紧六角孔螺钉和沉孔螺钉。在拧紧时，最后用大拇指顶着，直到拧不动为止。

由于作业场所的限制，有时候长的一头无法插进六角孔。这个时候再使用扳手、活络扳钳等来辅助。

不能使用管子和锤子的理由与使用别的扳手时相同。

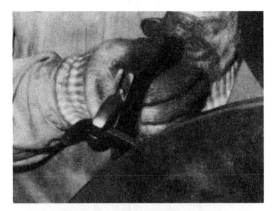

▲如果不能用长的一端当手柄就这么做

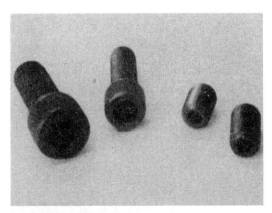

▲六角孔螺钉使用六角扳手

▲不能用管子来延长

▲六角扳手的使用方法很简单

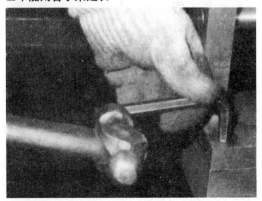

▲不能用锤子敲打

装等分布螺钉的顺序

　　用螺钉、螺母或者是定位螺钉来组装机械零件的时候，特别是有 4 个以上的螺钉要装在对于中心以等角度分度的位置上时，一定要考虑装的顺序。

　　原则很简单，相互对着的位置交叉进行，接下来的一对要尽量远离现在的位置，以这个顺序进行安装。

　　举例来说，最初左上的螺母拧上了，接下来是对面的右下螺母，然后是右上，再是左下，……，就以这样的顺序来装。

　　还有，开始是轻轻地拧上，然后以同样的顺序拧紧。即使增加到 6~12 个，原则也是一样。

▲先是左上，然后是对面的右下……

▲按照和刚才一样的顺序用扳手轻轻拧紧……

▲交叉着装进螺钉，先大致拧上……

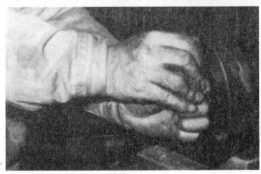

▲再一次以同样的顺序拧紧

使用两把扳手时

把螺钉、螺母结合起来时，拧到一定程度，螺钉有时候会空转。这种场合下在螺钉和螺母两头都用扳手。这个时候螺钉一侧的扳手是为了防止螺钉空转，螺母那侧则是拧紧。当然在任一侧拧紧结果可能都相同，但如果螺钉较长，将螺钉拧动，可能扭力不会全部都用来拧紧，而拧螺母则不会用多余的力。

有称为双螺母的构造，但即使用两个螺母的锁紧装置，也必须使用两把扳手。

先把下面的螺母拧紧。接着拧上面的，如果只用一把扳手来拧上面的螺母，下面的会一起转动。最后拧紧时，夹在下面螺母上的扳手并不是拧松螺母，但要朝相反方向用力，这样来使上面的螺母切实拧紧，即两个螺母互相拧紧对方。这样两个螺母互有相反方向的力，就不会松动。

即便两个螺母互相锁紧，下面的螺母也必须把零件锁紧，起锁紧作用的是下面的螺母。上面螺母只起到防止松动的作用。

在把双螺母拧松的时候，要先拧上面的，再拧下面的。

一般组合螺钉构件的拧紧，与双螺母是同样原理。

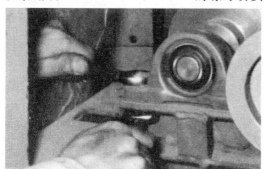
▲用上面的扳手把持住螺钉，拧紧螺母

▲最后两个螺母互相锁紧

▲待下面的螺母拧紧后再拧上面的

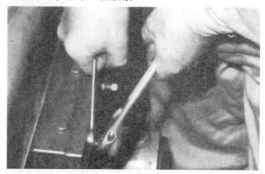
▲组合螺钉也和双螺母起同样的作用

键的安装与取出

① 在这样的键槽中嵌放的是平键。

② 在日本工业标准中规定，左右（横向）面才是精加工面（而不是上下面），而且尺寸的规定也相当严格。即对于键槽来说，是为了使用键的两个侧面把轴和本体双方结合起来，才使用键的。

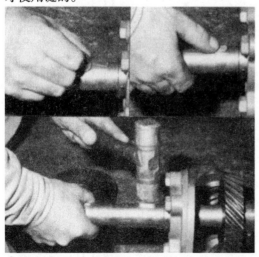

③ 把键斜着放进键槽，用手指把它按进去，然后用塑料锤子或者木槌子打牢。这是平键的装入法。

④ 在分解的时候，用錾子等抵在键的侧面，用锤子敲打使键脱出。还要组装时，把键槽清理干净，使用新的键。平键的原料可以从店里买到，买来后只要按需要的长度切割即可。

⑤ 楔键用在这样的键槽里。楔键在长度方向有 1/100 的斜度。使用这样的斜度，可使轴和本体以键的上下两面来紧密结合。所以它和平键正好相反，日本工业标准中规定上下两面为精加工面，关于尺寸的规定相当严格。需要来回转动的轴如果不使用楔键，键和键槽就会产生振动。

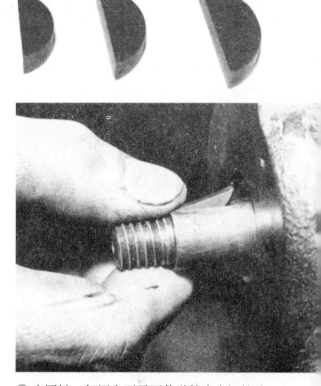

⑥ 把轴装到本体（在这里是飞轮）上，在轴端对准键槽，把楔键细的一头塞进键槽，用锤子打进。

⑦ 考虑到以后的分解（拔出），楔键在凸台侧一般都稍微突出，还有带着大头部分的楔键。如果从对面把键打出，就不需要大头部分了。一般通过打入楔状物品来把带着大头部分的楔键拔出，这种键也称为钩头楔键。

⑧ 半圆键一般用在不需要传递较大力矩的地方。像这样把键斜着放进去，然后推和这个轴配合的零件，键就自然嵌进去了。

配合零件的装配、分解

配合零件有多种多样的情况，不过最多的是轴与轴孔的配合。如果是轴与轴孔的间隙配合则没有要特别注意的地方，需要注意的是轴与轴孔的过盈配合。

过盈配合是指轴与开着轴孔的零件成为一体来使用。过盈配合时，有时在 142 页上所讲到的键也可一起使用。

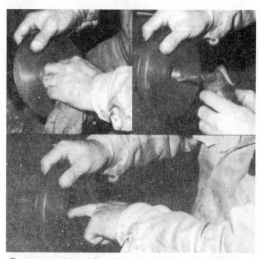

③ 和这根轴配合的轴孔也同样用废棉纱头擦干净，然后加上油，用手指涂开。这样，准备工作就完成了。

① 轴上开的键槽会出现毛刺，如果已经完全清除了就没有问题。无论如何要确认一下，用整形锉刀中齿细的锉刀好好清除一遍。

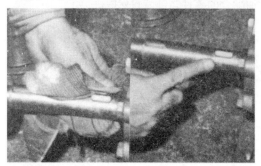

② 接着仔细擦干净，加上油，用手指均匀地涂开。

④ 将双方的键槽位置对准，试着套上。如果是间隙配合，大致是互相回转的关系，除了不用对键槽，其他的步骤都相同。应该可以很顺利地嵌进去。

144

⑤ 如果是过盈配合则必须加力。使用塑料锤子等在轴的周围顺次改变位置轻轻地敲打，使其到位。有时候也使用铜锤。

⑥ 如图所示当轴伸出很长的时候用管子顶着，顺次敲打管子的端部，使轴最后到位。

⑦ 如果要把轴向相反方向拉，应使用这样的工具。

⑧ 使用方法如图所示。为了使轴不转动，把它放在台上（如图所示为带孔方箱）。别的说明就此省略。

⑨ 还有，由于键槽要受力，所以在与它配合的零件被取走后，或者是将键取出后，有时还会出现毛刺。在装上别的配合零件以前，要把这些毛刺先除掉。

轴承的装配与拆卸

轴承的装配大致都是采用144页上所讲的过盈配合，所以，它的拆卸也是同样。不过，轴承与别的零件相比还是有不同的注意事项。

轴承内有滚珠或滚柱、内圈和外圈转动。这个内圈、外圈、滚珠、滚柱的精度要求都很高，决不能对它们施加不必要的力。

所以在装轴承的时候，只能在内圈或外圈的一方加力。现在以外圈和轴孔的配合为例来说明。

① 先把孔的内部打扫干净。

② 把轴承水平地放在孔上。

③ 用铜锤等轻轻地敲打外圈上的一点。此时手指一定要压在敲的那点的对面位置。从这个手指的感觉，可以知道轴承的倾斜程度。敲打的位置一点点沿圆周移动。如果使用木槌子敲打轴承，碎木片有可能掉下落进轴承中，所以要使用铜、铅等比较软且不会掉屑的锤子。

④ 使用管子来打进的时候也是同样的道理，要顺次敲打并沿圆周移动。这时候的管子必须和外圈是同样的尺寸。绝对不能使用会碰到外圈内侧的滚珠或保持架的管子。

⑤ 人们可能会认为，将比外圈大的厚板放在轴承上敲打其中心，就可以把轴承嵌进去而不会对内圈产生多少冲力。但是这样做并不能保证对轴承整体用力均匀。还是在周围轻轻地敲，通过手指感知锤子的反弹力来判断为好。

使用螺纹或是油压的专用工具就不属于这种情况。

⑦ 在轴上顶管子敲打的时候也和装外圈时一样，要顺次改变位置。不要认为因为是管子，在另一端放上板敲打它的中心，就会对整体用力均匀。如果有辅助工具，可以保证面对轴心是完全的直角，敲打的地方是正中心。与其敲打，还不如使用压力（螺纹、油压）更为妥当。不过，有的时候安装轴承的地方也不能加压力，还是用手的感觉来判断最为安全。

⑥ 把内圈装到轴上的时候也是同样方法。使用软质材料的锤子对内圈轻轻敲打，并且一点点移动位置，慢慢嵌进。

⑧ 在把轴承取出的时候，没有特别需要注意的地方，同样是使用145页上所讲到的工具。这样卸下的轴承精度自然降低，不再重复使用。

限位环

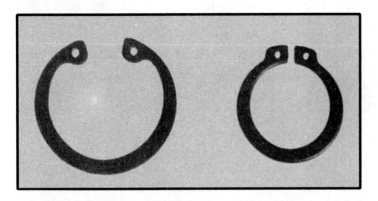

把轴承装到轴上或是轴孔里以后，为了防止轴承脱落，可使用限位环。图中左边所示是外圈用，右边所示是内圈用。

使用限位环来挡住轴承不是在高速旋转、精度要求很高的时候，而是在只要求低速旋转的时候。

在轴端附近的槽是为安装限位环而设。在这里嵌入外圈与零件采用过盈配合的轴承，使用特殊工具，把内圈用的限位环慢慢张开贴在内圈上，进入轴上的槽后，它就恢复原来的形状，再也取不出了。

有一种限位环可以把内外圈双方都挡住。

◀ 用于装限位环的轴端的槽

◀ 装上轴承

◀ 使用工具来装限位环

◀ 内圈和外圈都装了限位环

开口销

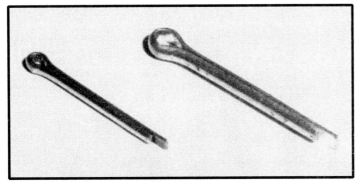

在螺母外侧的螺钉上开个与轴成直角的孔穿进开口销即可。

如果不考虑把开口销拔出，就把它的端部沿着轴的周向弯曲。弯成这样后，如果为了拔出它而把端部往回扳，它就会折断。

如果不用开口销，还有一种防止螺钉松动的办法，是在螺钉的头部与轴成直角开个孔，把它和关联的好几个螺钉的头部用铁丝穿在一起，让它们不能松动和转动。

开口销必定有一端比较长。它的作用和限位环相同。

在孔内插入开口销，使用适当的工具把它的两端张开，开口销就不能拔出来，在其内侧的零件也就不会脱落。

开口销也可用来防止螺母的松动。拧紧螺母后，

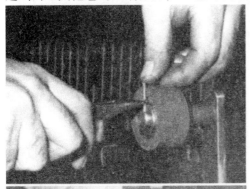

◀ 在孔内插入开口销

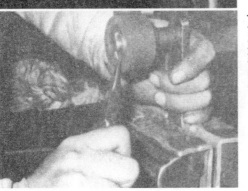

◀ 使其端部张开

◀ 不准备拔出开口销时这样弯曲

◀ 把铁丝穿在螺钉上的防松方法

定位销

把两个以上的零件用螺钉等连接起来以后，就这样一起开孔（称为共孔），用铰刀加工后（见130页），在那里打入定位销。

组装好的东西拆开以后还要进行组装时，为了让零件保持和初次组装时同样的位置关系，可使用定位销。

定位销有笔直的和带1/50锥度的。打进定位销没有什么特别要注意的地方。

打锥形定位销时，从锤子的反弹能感觉到打进的程度，没有必要打得过紧，因为有螺钉在起固定作用。

打直定位销时，把它打得和工作面平齐为止。

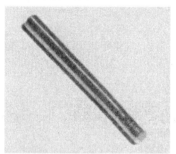

▲1/50 锥度定位销

▲打入定位销

螺钉旋具和小螺钉

螺钉旋具（screw driver）在 JIS 中的名称为"拧螺钉的东西"。

根据螺钉头部的形状可将其分为十字槽螺钉旋具和一字槽螺钉旋具。一般十字槽螺钉旋具从十字引申出来

称为正（+）螺钉旋具。还有，对螺钉也有正（+）螺钉和负（−）螺钉的称呼。

对于正（+）螺钉，螺钉旋具伸进后，螺钉旋具的中心就自然和螺钉的中心一致，拧紧、拧松都很顺手。

对于负（−）螺钉，螺钉旋具的前端如果不在一字槽的中心，螺钉旋具就不稳定。所以，最近还是正螺钉用得多。当然，一字槽螺钉旋具也有它的优点，在拆卸拧得很紧的小螺钉时，如果是一字槽螺钉旋具，只需放在槽的偏离中心的位置，然后用手掌敲打螺钉旋具的头部，便可使螺钉松动。

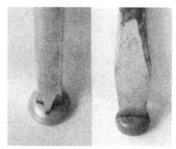

▲+ 螺钉   ▲− 螺钉

▲将螺钉旋具放在 − 螺钉偏离中心的位置，通过敲打头部来松动螺钉

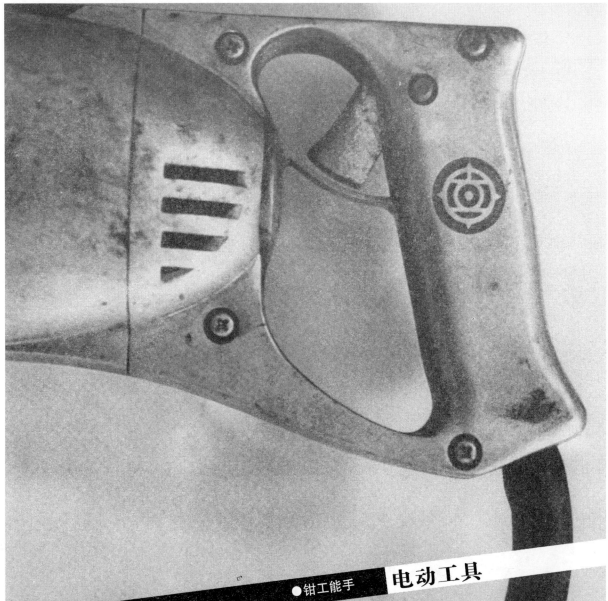

●钳工能手　　**电动工具**

电动工具的使用方法

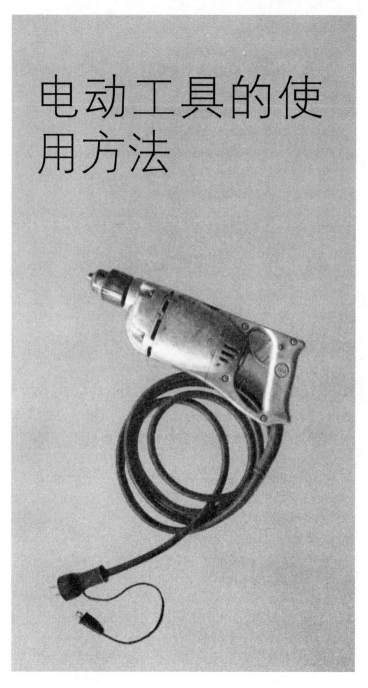

有一部分的电动工具使用3相200V的交流电源，但大部分都使用和家庭用电源相同的100V单相交流电源（译者注：这是日本的情况）。在哪里都可以得到电源，这是它们的有利条件。

使用电动工具首先要注意用电的安全问题。

在把电源插头插进插座时，要使用与心脏距离较远的右手。接地用的夹子也一定要在适当的地方确实接地。

绝对不要通过拉电线来把插头从插座里拔出。连着插头的电线只是用来通电的，不会太结实，不一定能承受住把插头拔出的力。特别是如果你总是这么做，重要部分的接口会松开或者断裂，电动工具就会动不了。或者发生短路，会烧断熔丝等，以致发生种种事故。

也不要将电线盘成圈状。因为电动工具总要到处移动，在你不注意的时候电线就已经扭曲得很厉害了，很有可能外面的保护层上没有破裂，里面却已经断线了。

还有，移动中要搬动电线时，要注意不要让电线挂到尖锐的金属角上，或者是被摩擦。否则外面的橡胶保护层会破裂，然后与金属的角落接触而形成短路。

除了注意用电安全，还有使用机械时的安全问题。电动工具虽然小，但也是使用动力来转动的机器。在起动以前，先要切实地握在手里，然后按电源开关开机。在放下时，要确实把它关了以后（一般只要用手指拨一下即可关闭）再放手。

还有，在放置的时候注意

转动的部分一定不要碰到别处。

电动工具的电动机一般是整流电动机。关于电器的知识这里不再多说，需要指出的是，称为电刷的零件很

容易磨损。如果电动机的转动有异常，首先要检查电刷的状况，如果它倾斜得厉害就要换新的。交换时很简单，电刷作为零件也有零售。

▲左右梯形状的零件为电刷，中央是转子。

▲插头上部的夹子用于接地。

▲如果弹簧不起作用了会引起开关接触不良。

▲把电刷取出来观察。右侧为电刷。用弹簧将其顶在转子上。

砂轮——平面的精加工

▼粗加工用砂轮

▼粗加工用砂轮的表面

粗加工用砂轮

▼粗加工用砂轮的侧面

上面（基础）

下面（砂轮）

什么是砂轮

所谓砂轮，是 sand（用砂子来磨）加上 er，即"用砂子来磨的东西"。其实它和磨石一样都是磨粒。但是它不像磨石那么硬，它具有柔软性。

砂轮可分为圆盘（disk）砂轮和带形（belt）砂轮。圆盘砂轮在磨大的平面时很方便。

圆盘砂轮可分为粗加工用的和精加工用的。这个圆盘砂轮和普通的磨石不一样，从侧面看就可以知道，圆盘砂轮上并不全是磨粒。圆盘厚度的一半是用来支持磨粒的基础部分，这部分很容易变形。在这点上它和圆盘形的切削用磨石完全不同。圆盘砂轮是使用下侧的面，因为上侧没有磨粒。

砂轮在使用后磨损了，就只剩下上侧的基础部分。

粗磨削和精磨削

比如说除去热拉钢板的黑皮、加工成可以油漆的平滑面等，根本不可能用锉刀，而用磨轮对较硬的平面进行加工也有困难。

▲ 精加工用砂轮

精加工用砂轮

▲ 精加工用砂轮的表面

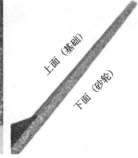

上面（基础）

下面（砂轮）

▲ 精加工用砂轮的侧面

▼粗加工时取大的角度

　　首先要把黑皮除去。这个黑皮是在热拉时形成的，既不像铸造、锻造时产生的黑皮那样硬，也没有高低不平。在去除黑皮时，自然要使用粗加工用的砂轮，对这个平面要取大一些的角度。当然砂轮是会弯曲的。

　　加工中砂轮一边转动，一边渐渐地改变位置。

　　将黑皮打过一遍后，再进行中间加工。还是使用刚才粗加工用的砂轮，不过这次取几乎水平的角度，使砂轮和平面的接触面积变大。这样，即使使用同样的移动速度，因与平面接触的磨粒变多了，表面就会变得光滑。如果省略前面一道工序，直接使用这个接近于水平的

▲精加工中。此时砂轮的变形很大

▼中间加工时要接近于水平

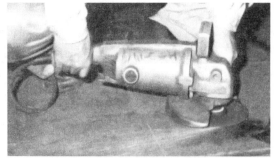

角度去磨黑皮，即使直接碰到黑皮，也不一定能把它打下。不过表面还是会变得光滑些的。

　　精加工用的砂轮就要更趋向于水平。移动方法都一样。

　　把用圆盘砂轮加工后的面进行比较。把粗加工的面和对黑皮直接进行中间加工的面进行对比，直接进行中间加工的表面看上去平滑，但是黑皮的凹凸没有全部除去。它对光的反射很强，如图所示就成了黑色。

　　再把这两个面都进行精加工，然后进行比较，后者的面更加光滑，对光的反射力更强，看上去更黑了。

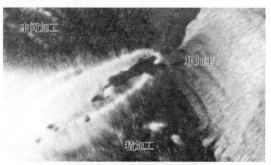

▲直接进行中间加工时，黑皮的凹凸会残留下来

砂轮的装法

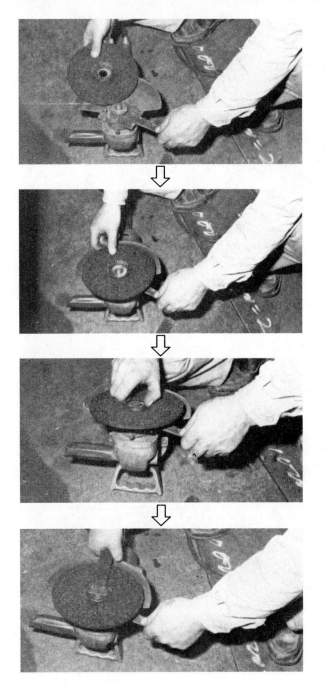

只要看这页的图就可明白砂轮的装法。这个装法不仅限于砂轮，磨轮也同样适用。

先用附属的板形扳手卡住轴使其不能转动，然后把砂轮装上，用手拧上螺母，最后用扳手牢牢拧紧。

磨轮磨石的装法也大致相同。

磨轮

▲孔的精加工

▲用切断磨石来切除

磨轮常常用来除去铸件的毛刺，进行割断面和焊接部分的精加工等。但是，由于近来的砂轮质量又轻，加工好的面质量又高，所以在精加工时砂轮用得较多，磨轮的使用范围就变窄了。

用磨轮加工比较方便的场合，是在加工孔的内侧时，即曲面的加工。用气割割断的孔的内侧用小的磨轮来进行精加工是很适合的。

在电动工具中磨轮最重，因此把持它的方式很重要。由于磨石要转动，当它接触到工件时，由于阻力的作用磨轮本体也有转动的危险。

两脚站稳，使身体稳定下来，如图所示在低位置作业的时候，拿着磨轮的手要支撑在膝盖等地方。

加工外侧较大的部分时，为了安全，要把外罩装上。

需要长时间使用沉重的磨轮时，将磨轮从上面吊着，或者是装上弹簧，这样如果手不用力时，磨轮就会上升，从而离开工作面。

有的磨轮作业是用切断磨石把不需要的部分切除。

电钻

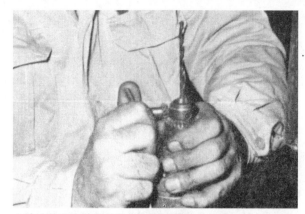

▲钻头装进夹持器的要点与台式钻床的相同

▲钻头朝向正前方,视线朝向刀尖

▲中心偏时要像这样修正

用电钻开孔和用台式钻床钻孔是一回事。不过台式钻床本身可以保持垂直位置和垂直进给,而使用这个电动工具时,使钻头保持垂直并且垂直进给的是人。

一般都是在无法使用台式钻床时才用电钻。

要使电钻和开孔的面保持垂角,只有靠目测了。用左手托着电钻本体,然后用右手在电钻的后部调节来保持垂直。进给时通过右手依靠体重来加力。向下钻的时候也是同样。

使用大直径的电钻时,电动机也需变成大功率的,电钻整体变大变重,需要用全身来支持它进行进给。由于工作条件受工件上孔的位置、形状等影响,除了去适应各种情况以外,别无它法。

先钻个浅浅的小坑,确认是否和划的线或打的印记对准,这和使用台式钻床时一样。如果位置偏了,变换电钻的角度来修正。

用电钻开孔时必须注意的是在钻头把工件打通的瞬间,如果钻头的前端贯通了,阻力会突然变小,如果此时还是使用同样的力进给,钻

▲快钻透时要注意

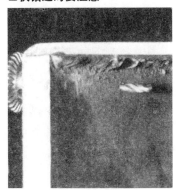

▲如不注意会突然穿过

头会被卡住。所以要和使用台式钻床的时候一样，当手上感到阻力有变化时，就立即减小进给的力。

使用电钻的时候是人的手在支持钻头，在钻头贯通的瞬间，如果你的身体或是手腕晃动，钻头在被卡住的同时，还会被折断。

把钻头装进夹持器的方法与台式钻床的相同。

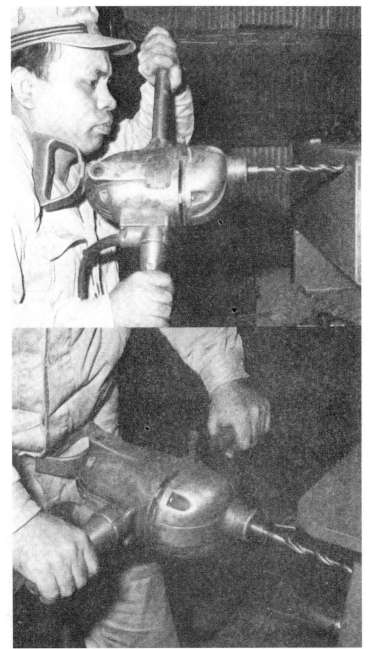

▲大的电钻用肩或腰来稳住

电动刮刀

▲在大的平面上刮削时很方便

▲也用它来刮削花纹

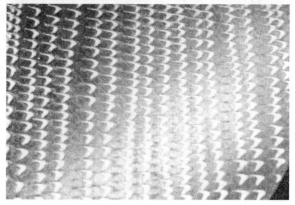

▲如图所示是刮削的花纹(燕子花纹)

电动刮刀是个特别的工具。刮削作业很消耗体力，所以才会用电力。与砂轮、磨轮、电钻等因为形状、姿势等限制而产生的工具相比，电动刮刀的主要目的是为了节省劳力。

现在为止所讲到的工具都是直接利用电动机的转动，而电动刮刀必须把电动机的转动变换成往复运动。不过这里不讲变换的原理。

电动刮刀的外形如图所示，它主要用于粗刮削。在需要刮削大的平面时用它很方便。

电动刮刀不仅可用于粗刮削，也可用来刮削花纹。

风锉

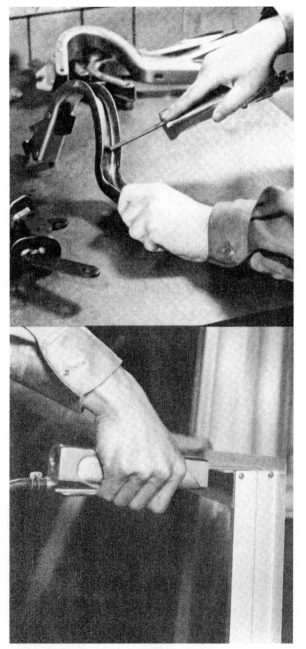

▲用风锉去毛刺（上）、去毛边（下）

和刮削相同，锉削也有使用动力的。过去也有叫做锉床的机器，加工余量很大、很消耗体力的锉削作业自然就使用机器来完成。

照片中所示的锉刀不是电动的，而是风动的。一般的工厂都有通压缩空气的配管，不需要较大的动力就使用风动，因为少了电动机，所以轻了许多，这也是个优点。

和电动工具一样，风动的小型磨盘、小型手枪钻在以前就有了。

如图所示是压模成形制品的去毛刺和钣金切断面的去毛边作业。在处理大量的制品时，或者是作业位置不佳的时候，只从风动的工具比较轻这一点来看，它也比电动的工具优越。

此外，风动工具用的气压统一规定为 0.6MPa（6kgf/cm^2）。如果工具的数量不多，使用小型的空气压缩机就足够了。